学/者/文/库/系/列

# 基于深度学习的多源遥感影像优势树种分类研究

王学良　李升林　牟春苗　著

U0285411

哈尔滨工程大学出版社
Harbin Engineering University Press

## 内 容 简 介

本书深入浅出地介绍了利用先进深度学习算法、结合多源遥感数据，实现对森林优势树种的高精度分类方法。研究通过融合多种遥感影像数据，构建并优化深度卷积神经网络模型，对不同树种进行精细分类。该研究在数据预处理、特征提取、模型训练和分类结果优化等方面做出了系统性探索，显著提升了分类精度和效率，为森林资源监测和生态保护提供了有力支持。

本书可以为林业信息工程等相关领域研究人员提供参考。

### 图书在版编目（CIP）数据

基于深度学习的多源遥感影像优势树种分类研究／王学良，李升林，牟春苗著. —哈尔滨：哈尔滨工程大学出版社，2024.5
　　ISBN 978-7-5661-4377-8

Ⅰ．①基… Ⅱ．①王… ②李… ③牟… Ⅲ．①遥感数据-应用-优良树种-品种分类-研究 Ⅳ．①S79

中国国家版本馆 CIP 数据核字（2024）第 094051 号

基于深度学习的多源遥感影像优势树种分类研究
JIYU SHENDU XUEXI DE DUOYUAN YAOGAN YINGXIANG YOUSHI SHUZHONG FENLEI YANJIU

选题策划　刘凯元
责任编辑　姜　珊
封面设计　李海波

出版发行　哈尔滨工程大学出版社
社　　址　哈尔滨市南岗区南通大街 145 号
邮政编码　150001
发行电话　0451-82519328
传　　真　0451-82519699
经　　销　新华书店
印　　刷　哈尔滨午阳印刷有限公司
开　　本　787 mm×1 092 mm　1/16
印　　张　10.75
字　　数　270 千字
版　　次　2024 年 5 月第 1 版
印　　次　2024 年 5 月第 1 次印刷
书　　号　ISBN 978-7-5661-4377-8
定　　价　60.00 元

http://www.hrbeupress.com
E-mail：heupress@ hrbeu.edu.cn

# 前　　言

及时准确地获得树种分类图,有助于人们更好地认识、管理和利用森林。高光谱遥感数据具有大量的光谱信息,而多光谱遥感数据具有丰富的空间信息,联合使用两种遥感数据可发挥其各自的优势,有助于树种分类。近年来,基于深度学习的方法对多源遥感数据进行树种分类取得了很大的进展,其分类结果普遍优于其他传统算法。但是现有的深度学习方法在树种分类方面还存在着一些问题。比如,一些深度学习模型的特征提取或学习能力不足,计算冗余,依赖大规模标注信息等。

鉴于此,本书选用环境小卫星(HJ-1A)和哨兵二号(Sentinel-2)拍摄的塔河地区林场的遥感影像数据,针对深度学习方法在树种分类任务中存在的问题和不足,开展了以下的研究工作。

(1)对研究区域的 HJ-1A 高光谱遥感影像数据、sentinel-2 多光谱遥感影像数据和二类小班调查数据进行图像预处理,包括去条带、大气校正、几何校正、矢量属性数据与栅格数据转换、裁剪和叠加等。对 HJ-1A 影像数据,采用双线插值算法进行重采样,使两种遥感影像数据的像素级分辨率保持一致。在研究区域选取 3 块代表性样地,分别制作了 3 个多源树种数据集。

(2)针对现有树种分类算法冗余度高、丢失深度特征、树种识别率低的问题,提出了基于卷积神经网络(convolutional neural network,CNN)和长短时记忆神经网络(long short-term memory network,LSTM)的多源特征融合的树种分类网络,旨在提高网络对树种的分类精度。Sentinel-2 数据作为多光谱输入(multispectral image,MSI),具有高空间分辨率(high resolution,HR),而 HJ-1A 数据作为高光谱(hyperspectral image,HSI),具有低空间分辨率(low resolution,LR)。为了挖掘 HSI 和 MSI 之间的相关性,本书使用 LR-HSI 的光谱和 HR-MSI 中相应的空间邻域作为网络的输入。在 LR-HSI 和 HR-MSI 中分别提取具有两个 CNN 分支的对应邻域的特征,然后,这些分支被连接到融合层,输出树种分类图。通过混合损失函数精准计算光谱、空间、融合三部分损失,指导模型反向传播。在提出的特征融合网络模型的分类精度上较单一数据源提高了 6%,较其他先进分类方法提高了 8%,取得了较好的性能结果,可为深度学习方法在林业中的应用提供新的思路。

(3)针对树种分类的深度学习算法中非线性激活函数存在梯度消失、负值直接返回零的问题,本书设计了一个新的激活函数 Smish。该函数不但能够确保负激活和导数值,还能保持负输入的部分稀疏性和正则化效应。通过实验表明,Smish 在 CIFAR10、MNIST 和 SVHN 三个公共数据集下,分类精度较 Logish 激活函数提高了 2%。使用 Smish 的轻量模型 EfficientNetB3(EfficientNetB3-Smish)对树种的分类精度较 Logish 提高了 4%。另外,本书基于 EfficientNetB3-Smish 设计了 ESDNet 树种分类模型,引入了深度交叉注意力机制模块,强化了有效特征,减少了冗余,ESDNet 模型训练时长比其他较优秀模型节省约 50 min,分类更加高效。

(4)针对人工标注困难的问题,有限样本标注的半监督分类被越发重视,但是半监督分类方法中存在未标记样本易被误判的缺陷,因此本书提出了多源融合超图卷积神经网络的半监督树种分类模型,首先对网络头部的 HSI 和 MSI 进行典型相关分析,从关联特征中提取高级视图特征,把两种数据源投影到同一维度,减少冗余。而且还将 HSI 和 MSI 的权值矩阵进行融合,计算出多模态图的关联矩阵,深度挖掘 HSI 和 MSI 之间的互补信息和相关信息,增强图结构模型全局关联的能力。从图嵌入的角度出发,通过引入基于图的损失函数对网络提取的融合特征进行约束,精准指导模型学习性能。实验表明,该方法的树种分类精度达到 83.01%,对难以识别的云杉达到了很好分类效果。

(5)针对基于半监督树种分类中仍需人工标记的问题,本书提出了基于像素级的 M-SSL 自监督学习算法,该算法综合了原型对比学习(prototypical contrastive learning,PCL)和自监督学习的优点,保持负样本数量和降低运算量的平衡。本书还提出了两种多源编码器 MAAE 和 MVAE,分别建立代理任务提取多源特征作为数据增强样本。本书提出的两个自编码器具有良好的特征学习能力,设计的 M-SSL 网络可以在下游任务中学习代表性更强的特征。通过特征融合过程,在统一的网络中同时学习数据的低维信息。经过树种数据集的验证,分类精度达到 78%。该方法能够得到高质量的特征,更适合无标签下完成树种分类任务。

(6)在有限数量的标记样本下,监督学习范式存在不足,这在很大程度上制约了多源遥感数据的树种分类性能,本书提出了一种对比学习的小样本学习策略,从多模态遥感数据中构建多个互补视图,并在每个视图中采用对比学习方式,以自监督的方式学习高级特征表示。从多模态数据中学习鲁棒更强的特征表示,提出了用于对比学习的小样本学习架构(few-shot contrast learning network,FCLN),利用参数共享策略来训练基本特征表示网络。在几个多源遥感影像树种数据集上训练特征表示网络,利用训练好的模型进行无监督特征提取,经过树种数据集的验证,分类精度达到 80.2%。通过该方法能够得到高质量的特征,更有利于树种分类任务。

本书由齐齐哈尔大学王学良、李升林和牟春苗撰写。具体分工如下:王学良撰写第 3 章、第 4 章和第 7 章(共计 10.2 万字);李升林撰写第 1 章和第 2 章(共计 6.2 万字);牟春苗撰写第 5 章和第 6 章(共计 6.1 万字)。全书由王学良统稿。本书在撰写过程中参考了大量国内外相关领域的论文资料,也得到了齐齐哈尔大学的大力支持,在此一并致以真挚的感谢。

本书的出版得到了黑龙江省教育厅项目基金(项目名称:基于注意力机制深度卷积算法的多数据源特征融合的森林树种分类研究,项目编号:145109219;项目名称:基于深度空谱可逆残差网络的高光谱图像分类方法研究,项目编号:145209149)、齐齐哈尔大学教研项目基金(项目名称:林学专业应用创新型人才培养模式研究与实践,项目编号:GJQTYB202122;项目名称:新农科背景下林学专业植物组织培养-课程教学改革的探索与实践,项目编号:GJQTZX202240)和大学生创新创业项目基金(项目名称:植物根际促生菌的分离鉴定及对青皮银中杨组培苗生长的影响,项目编号:160431122153)的资助。

因著者水平有限,书中疏漏之处在所难免,恳请读者批评指正。

著　者

2024 年 1 月

# 目　　录

# 第1章 绪 论

## 1.1 研究背景和意义

2021年,习近平总书记在《生物多样性公约》第十五次缔约方大会领导人峰会上指出: "我们要建立绿色低碳循环经济体系,把生态优势转化为发展优势,使绿水青山产生巨大效益"。"十四五"目标提出了全国森林覆盖率达到24.1%,森林蓄积量达到190亿立方米。森林在生物多样性、碳储量、水循环和原料方面发挥着重要作用。关于森林树种的知识是基本的信息。树种分类可以通过实地调查活动进行,但一般来说,这种做法具有局限性。

及时、准确的森林类型制图是森林资源清查的一个重要课题,为森林经营、保护生物和生态恢复提供支持。森林树种定量信息对于实现可持续管理和保护目标至关重要,树种分类对森林可持续经营和生态环境保护具有重要意义。高分辨率的遥感影像具有较好的空间特征和光谱特征,是优势树种分类的首选。

遥感(遥远的感知)技术通过复杂的检测技术快捷获取数据,为森林监测领域提供了有力保障和技术支持。秉承遥感的概念,将遥感定义为在不与物体物理接触的情况下获取信息的艺术和科学。该信息是通过获取和解释物体反射能量来提取的。以植被为目标,反射光的多少取决于叶片的含量,如色素和结构。反射光可以被不同的传感器记录,这些传感器可以根据其平台分为轨道传感器、空中传感器和地面传感器。卫星传感器和机载被动和/或主动传感器结合野外光谱的使用,为树种识别提供了有价值的信息。此外,使用高光谱卫星影像已成为获取森林信息的有力工具。

随着对地观测技术的快速发展,从飞机、卫星和无人机等不同平台获取的多模态数据越来越多。利用多传感器平台的遥感已被系统地应用于监测土地利用和土地覆盖(LULC)分类以及城市蔓延和土地退化等环境变化。如图1-1所示,遥感技术包括被动遥感和主动遥感两种基本采集模式。被动遥感直接探测太阳光在地球表面反射的辐射。被动光学传感器捕获特定土地覆盖上的阳光反射,在不同的光照条件下,土地覆盖表现出不同的特征。相比之下,主动遥感是由航天器或飞行器发射能量或信号,然后由传感器接收物体反射的响应。

遥感与自动分析技术已成为树种分类的重要工具。遥感技术的蓬勃发展带动了森林树种分类、资源调查与监测领域融合发展。在森林资源调查与监测中,对于传统手工调查以及人为很难到达的区域,遥感技术可以满足人类在林业领域的需求,是森林监管有力的工具和手段。林业遥感技术能够大幅提高森林树种分类的效率,也能够为森林评价的质量与效益提供辅助信息,从而改善森林生态环境,还能为林业管理相关部门制定森林保护政策和产业管理措施提供科学依据。

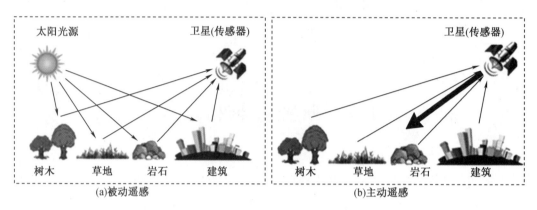

**图 1-1  主动遥感和被动遥感之间的共同点和区别**

光谱卫星能够快速获取信息,尽管在分辨率和覆盖范围之间的权衡方面存在限制,但其是在濒危或需要持续监测的地区(如地雷或作物)捕获信息的低成本替代方案。在地球观测系统使用的各种类型的传感器中,高光谱成像(HSI)技术提供空间和光谱信息,并已成为一种关键的遥感探测技术。HSI 传感器包括机载和星载传感器。机载传感器具有灵活捕获图像的能力,使其能够适应图像采集时间表,从而有效地将天气条件变化的影响降至最低。图 1-2 表明,HSI 遥感可以用于表面材料的光谱分析,揭示了不同材料具有不同的光谱反射和辐射特性。HSI 结合了观测场景的空间和光谱特征,可用于复杂的土地覆盖分类、精确的地物解译和典型材料的识别。

具体来说,作为一种有发展的被动遥感技术,HSI 明智地将光谱学和数字图像两种技术整合在一个系统中。HSI 可以为材料识别提供详细的光谱信息。作为主动遥感的一种,光探测和测距(LiDAR)可以在一天中的任何时间和恶劣天气条件下提供数据。

地球上物体表面反射的电磁能量,每个 HSI 像素都包含这样的特征,不同的土地覆盖具有不同的反射率特征,我们可以使用详细的光谱特征来识别光谱相似的类别。由于 HSI 具有光谱信息详细、光谱分辨率高等优点,其被广泛应用于场景分类和识别。

从另一个角度来看,三维 HSI 数据可以看作二维图像的叠加,每个图像包含一个光谱带,如图 1-3 所示。然而,由于 HSI 的空间分辨率不高,因此经常出现材料混合现象,导致材料的光谱特征发生变化,最终导致误分类。混合像元在真实的城市场景中,单个像元内存在多种材质,在真实的 HSI 场景中,纯像元和混合像元同时存在。此外,由于被动遥感的一般缺点,包括大气、仪器、物理或化学效应在内的环境因素也可能导致真实 HSI 场景中的光谱变异,因此为了减少这些缺点,需要补充数据来源和适应环境变化的技术。

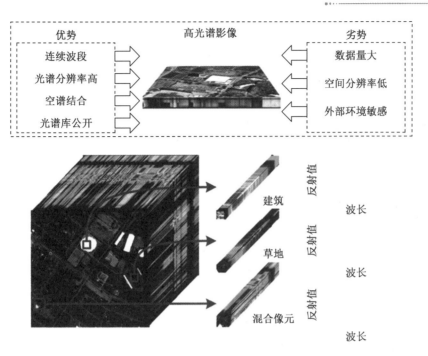

图 1-2 高光谱遥感在地球观测和环境监测中的优缺点

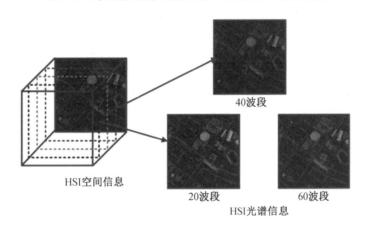

图 1-3 高光谱影像的空间特征

多源遥感数据和数据处理手段作为重要的工具被用于深入了解森林结构及物种组成。其中,多源遥感数据包含激光检测与测量仪器数据、多/高光谱遥感图像及地面采集信息等。多/高光谱遥感图像具备两大特征,即地物的空间特征和光谱特征,这使得多/高光谱遥感图像可以同时获取待检测物体的二维空间信息和物体所特有的光谱反射信息。在森林遥感相关领域,环境小卫星和哨兵二号遥感卫星可以提供地面森林相关信息。通过多/高光谱遥感图像,人们可以对大面积森林中植物的种类进行研究;在林业和环境监测领域,多/高光谱遥感图像对森林健康状况分析、外来物种入侵,以及人工森林虫害的防治、树种分类具有很强的指导作用。

# 1.2 多源遥感地物分类的研究现状

卫星遥感技术具有快速、简单、宏观和真实性等优点,在林业监管的各个方面得到了广泛应用。林业遥感的关键在于用全球定位数据、地理信息和空间的变化数据,服务于林业的精准监测工作。利用遥感数据仍然是准确及时地获得大空间尺度和长期覆盖的森林信息的最佳途径。目前,世界上许多国家都投入大量的成本用于发展基于遥感技术的林业监测系统。

当今,信息和光电传感领域新技术的突飞猛进,带动了高分辨率卫星遥感技术的快速发展,呈现出高/多光谱遥感的高光谱分辨率、多模态、信息集成的新态势,特别表现在立体性和实时性方面。高/多光谱成像包括多时相成像、视频成像、立体成像三种模式。高光谱和多光谱遥感影像各自特点明显,从波段和分辨率角度区别如下。

(1)波段:高光谱图像波段数要远高于多光谱图像数据,因为高光谱成像系统能够提供很宽的光谱范围,这一特点可以提高目标获取的准确性,提高森林的树种识别率。高光谱波段是连续的,而多光谱波段却是离散的。

(2)分辨率:高光谱成像系统的工作波带较窄,为了保证足够的信噪比,需要在更大的空间范围内收集光子,导致高光谱图像的空间分辨率低于多光谱图像的空间分辨率。

高光谱图像的光谱分辨率高、空间分辨率低,而多光谱图像特性则刚好相反,因此,高光谱图像与多光谱图像在光谱和空间上有很强的互补性。多光谱图像的光波范围较宽,光谱带是不连续的序列,所以每个像元在空间上相对纯净。而高光谱图像的光波范围较窄,光谱带近似连续,每个像元是由空间上地物混合各种成分的光谱反射形成的,所以高光谱图像的空间分辨率较低。但若采用一些技术手段将两者融合,能在一定程度上提升多光谱图像的光谱分辨率和高光谱图像的空间分辨率,提高其在森林遥感领域的应用价值。

研究卫星和技术可以帮助改进未来的分类系统。研究卫星功能将有助于森林管理者和分析人员了解其与知名传感器相比的局限性,从而在他们自己的应用程序中更好地实现。分类系统准确性的提高可以使土地所有者和管理者在决策时受益。森林分类已被用于帮助森林管理者和所有者做出决策。这些信息可能包括森林健康、价值、采伐作业、碳核算和生物多样性等学科。更准确的数据产生更好的分类,这将有可能使森林所有者和管理者的决策产生更好的结果。其将成为影响由气候变化主导的未来的一个重要因素。

高光谱和多光谱影像应用广泛。在天文学方面,其能够获得距离地球很遥远的星云和天体的高/多光谱图像,通过各个像素提供的连续波段数据能够协助分析星体表面或大气。相邻光谱带可以检测食品是否含有害物质或某成分是否达标,且与机械设施通信,在生产过程中直接剔除不合格产品,改善食品安全。在军事上可以采取更有效的措施和对策,因为宽光谱让敌人很难伪装,能通过提取目标的有效特征,分析其状态而提高目标分类的准确性。在林业上通过高/多光谱数据能够对森林进行监测,感知其生长状态和营养变化或者病虫害情况,对保护生态工作提供技术支持和有力保障。

## 1.2.1 高光谱遥感影像研究

高光谱成像技术是在若干连续的窄带电磁波中获取图像数据。高光谱图像除包含目标的空间信息之外,还包含目标的光谱反射率细节。高光谱图像丰富的光谱细节表征能力使其特别适合用于遥感图像分析。高光谱遥感图像分类是遥感领域最重要的应用之一,也是本书的主要研究问题。在所有的遥感数据模式中,高光谱图像由于其各种优越的特性而成为应用最广泛的数据类型之一。因此,本节更详细地介绍了高光谱图像和高光谱成像。

人的视觉系统通过接收场景或物体反射的电磁波来感知世界。整个电磁频谱的范围从波长以米或千米为单位的无线电波到波长小至皮米的伽马射线。图 1-4 显示了整个电磁波谱。

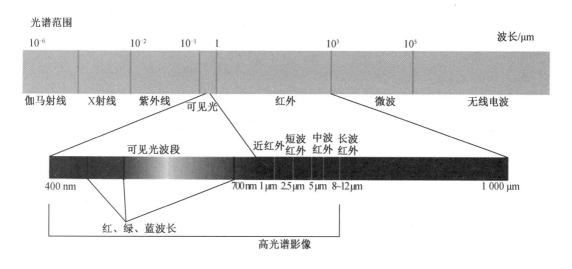

**图1-4 电磁波谱**

人类的眼睛能够感知电磁波谱的小部分。整个光谱的这一部分范围为 380~740 nm。在这个范围内,人类视觉系统视网膜中有三种特殊的细胞(视锥细胞),分别对应红、绿、蓝三种颜色。图 1-5 显示了三个视锥细胞对光谱波长的响应曲线。S、M、L 分别代表 S 形锥、M 形锥和 L 形锥。因此,人眼可以被认为是一个三波段成像系统。传统的红绿蓝(RGB)相机被设计用来模拟三种视锥细胞的光谱灵敏度。

由图 1-4 和图 1-5 可以看出,三个波段的 RGB 传感器在捕捉电磁波所携带信息的细节方面是非常有限的。一方面,RGB 传感器只响应小部分电磁波谱。在包括遥感在内的许多应用中,红外波长尤为重要,能够提供大量有价值的信息。RGB 传感器不能在这些波段获取数据。另一方面,RGB 传感器主要响应 380~740 nm 可见波长内的三个峰。红、绿、蓝波长之间的间隔没有很好地描述。

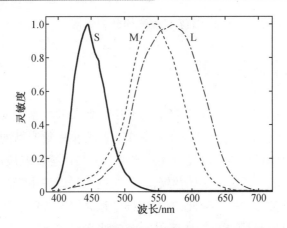

图1-5 三种视锥细胞对光谱波长的响应曲线

综上所述,高光谱相机的设计是为了克服 RGB 相机的缺点。与 RGB 相机和单色相机相比,高光谱相机能够在众多连续波段中响应更广泛的电磁频谱区域。高光谱传感器的光谱响应曲线如图1-6所示。高光谱成像可以在光谱维度上获得更精细的反射率信息。不同的材料通常具有不同的光谱反射率曲线,因此高光谱成像特别适合在 RGB 相机下区分外观相似的不同材料。

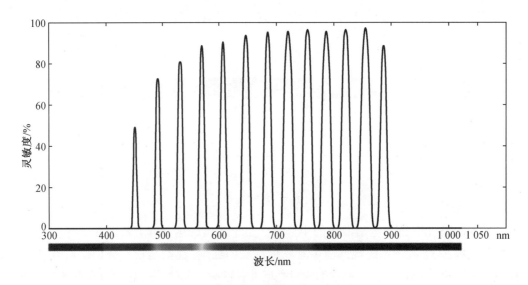

图1-6 高光谱传感器的光谱响应曲线

高光谱与多光谱图像的主要区别在于,多光谱图像中的光谱带是不连续的。每个通道的带宽也可以比高光谱图像宽。高光谱图像的两个基本特性是连续光谱和窄光谱。在遥感领域,典型的高光谱传感器包括机载可见光/红外成像光谱仪(AVIRIS)、反射光学系统成像光谱仪(ROSIS)和地球观测(EO-1) Hyperion 成像光谱仪。AVIRIS 是喷气推进实验室在20世纪80年代设计的机载高光谱传感器。它可以响应 400~2500 nm 的宽波长段,最终采集到的高光谱数据有 224 个连续波段,间隔为 10 nm。ROSIS 是在欧洲资助的机载高光谱传感器项目中设计的。ROSIS 的响应光谱范围为 430~960 nm;所得数据具有 5 nm 的高光谱分辨率和 100 多个波段。Hyperion 是美国国家航空航天局（NASA）发射的为 EO-1 设计的卫星高光谱相机。Hyperion 传感器的光谱范围为 400～2 500 nm。Hyperion 高光谱图像有 200 多个连续波段，光谱分辨率为 10 nm。由于卫星与地球表面之间的距离较远，Hyperion 的空间分辨率约为 30 m。国内遥感领域近年也取得了长足的进步，本书研究的就是环境小卫星（HJ-1A）采集的高光谱影像，其图像有 115 个连续波段，空间分辨率为 100 m。

高光谱成像获取沿 $x$、$y$ 和 $z$ 三个维度的数据，分别代表两个空间维度和一个光谱维度。一般来说，在高光谱相机的设计中，三维图像立方体的获取有四种机制。第一种数据采集机制是空间扫描。在空间扫描中，每次沿一个空间维度 $x$ 和光谱维度 $z$ 获得一个二维张量。这意味着每次只获取场景的一行。为了获得整个场景的图像立方体，沿着另一个空间维度 $y$ 应用扫描机构，它可以是成像平台的移动或内部机械扫描。空间扫描在高光谱遥感中有着广泛的应用。其缺点之一是成像时需要机械部分。第二种数据采集机制使用光谱扫描。在光谱扫描中，每次在一个光谱波段上获得全场景的二维图像。这样就可以产生一幅灰度图像。扫描发生在光谱维度上。这是通过改变带通滤波器的波长来实现的，带通滤波器只允许选定的频带通过。这种成像方法不需要机械部件，并且在 $z$ 的选择上很灵活。第三种数据采集机制不需要任何扫描，它可以直接获得三维高光谱立方体。这种快照方式既方便又节省了成像时间。然而，非扫描高光谱相机是非常昂贵的。第四种数据采集机制依赖于空间光谱扫描，它在空间和光谱两个维度上进行扫描。

高光谱成像不仅可以沿两个空间维度获取目标信息，还可以沿光谱维度获取目标信息。因此，这种成像方法产生的输出图像与传统相机捕获的图像不同。灰度图像只有两个空间维度，因此以二维数组的形式存在：$I \in \mathbf{R}^{W \times H}$，其中 $I$ 表示灰度图像；$W$ 和 $H$ 分别表示图像的宽度和高度。彩色图像除了空间维度外，还引入了三个颜色通道。因此，彩色图像可以表示为 $I_{RGB} \in \mathbf{R}^{W \times H \times 3}$，其中 $I_{RGB}$ 表示彩色图像；数字 3 表示色彩空间的维度。高光谱图像在空间维度上增加了第三个连续的光谱维度。

如图 1-7 所示，高光谱图像可以表示为数据立方体。数学表达式中，$H \in \mathbf{R}^{W \times H \times N}$（$H$ 为高光谱数据立方体，$N$ 为光谱维数）。三维数组 $H$ 中的一个元素可以表示为 $(x, y, z)$。从光谱的角度来看，高光谱图像可以被认为是由许多二维切片组成的。每个切片对应一个窄带。从空间角度看，高光谱图像也是由像素组成的。每个像素是一个一维向量：$p \in \mathbf{R}^N$。高光谱图像提供了丰富的目标物信息，在各个领域有着广泛的应用。

## 1.2.2 多光谱遥感影像研究

多光谱遥感影像是通过采集不同波段的电磁辐射数据来获取地物表面信息的一种遥感技术。Sentinel-2A 是欧洲航天局（ESA）在 Copernicus 计划下发射的首颗地球观测卫星，于 2015 年 6 月 23 日成功发射。Copernicus 是 ESA 和欧盟委员会（EC）联合发起的一个地球观测计划。该计划旨在为全球提供开放和免费的遥感数据，以支持可持续发展、环境保护和应对气候变化等领域的决策制定。Copernicus 计划包括一系列的卫星和地面基础设施，其中最重要的是 Sentinel 系列卫星。Sentinel 系列卫星由多颗卫星组成，涵盖了不同的观测能力和任务,包括地表观测、大气观测、海洋观测和气候监测等。通过 Copernicus 计划,欧洲国家和全球用户可以免费获取 Sentinel 系统卫星的遥感数据,这些数据具有高分辨率和频繁观测的特点,可广泛应用于各个领域,如环境监测、资源管理、灾害响应、城市规划和农业等。Copernicus 计划的目标是通过提供全球范围内的及时、准确的地球观测数据,帮助决策者和科学家更好地了解地球系统的变化和演变过程,从而推动可持续发展和环境保护的实现。该计划还促进了国际合作和数据共享,通过与其他地球观测系统和数据提供者合作,为全球用户提供更多的数据来源和资源,以支持更广泛的研究和应用。

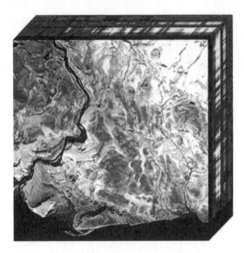

图 1-7　高光谱图像立方体

卫星图像是由星载传感器捕获的图像的名称。根据分析的要求,有许多类型的传感器可供使用。卫星图像有几个关键特征:辐射,空间,光谱。如图 1-8 所示,Landsat 7、Landsat 8 和 Sentinel-2 三颗卫星具有类似的光谱能力。Landsat 7、Landsat 8 和 Sentinel-2 具有多光谱功能,并且共享相似的光谱带,从而允许多个波段兼容。Landsat 8 和 Sentinel-2 波段的对比如图 1-8 所示;关键的一点是 Sentinel-2 有 10 个对森林分类有用的波段,而陆地卫星传感器只有 6 个。需要注意的是,Landsat 7 的频带配置与 Landsat 8 相同。

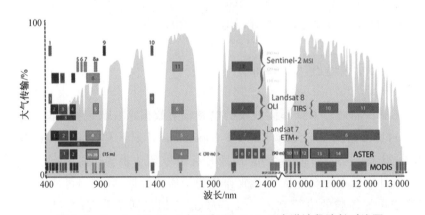

图 1-8　Landsat 7、Landsat 8 和 Sentinel-2 光谱波段波长对比图

Landsat 8 和 Landsat 9 森林分类的关键区别在于辐射分辨率从 12 bit 提高到 14 bit,如表 1-1 所示。Landsat 9 和 Sentinel-2 之间的区别稍微复杂一些。Landsat 9 具有更高的辐射分辨率,而 Sentinel-2 具有更高的时空分辨率。

表 1-1  Landsat 8、Landsat 9 和 Sentinel-2 分辨率

| 卫星型号 | 时间分辨率/d | 长度分辨率/bit | 空间分辨率/m |
| --- | --- | --- | --- |
| Landsat 8 | 16 | 12 | 15~100 |
| Landsat 9 | 16 | 14 | 15~100 |
| Sentinel-2 | 5 | 12 | 10~60 |

辐射分辨率描述了有多少数据点可用于区分反射率值(ESA,无日期)。Landsat 9(14 bit)可以区分 16 384 个反射率值,而 Landsat 8(12 bit)只能区分 4 096 个反射率值。Verde 等认为,辐射分辨率对分类精度影响不大,事实上,由于其检测微小变化的能力更强,因此模型中可能存在更多变化,因此有时会导致精度降低。

时间分辨率是指卫星返回到特定位置并拍摄相同图像所需的时间。塔河经常被云覆盖,因此,更好的时间分辨率通常被认为是图像收集的理想选择,以减少图像中云覆盖的机会。所有传感器都具有良好的时间分辨率,并且可以利用传感器组合时增加的时间分辨率。Landsat 8 和 Landsat 9)或在计划中使用两个卫星传感器(Sentinel-2A 和 Sentinel-2B)。文献发现多日期图像产生更高的分类精度。Wang 等进一步发现,在两张关键物候状态的图像之后,会出现过饱和现象,而且准确度几乎没有提高。

空间分辨率是指一个像素所占的面积。这三种传感器均为中等空间分辨率传感器(10~30 m),Sentinel-2 为上端,Landsat 8 和 Landsat 9 为下端。Löw 和 Duveiller 发现,精度的提高并不总是源于空间分辨率的提高。这是由于引入了更大的类内方差,对辐射分辨率的影响。Awuah 等扩展了这一想法,发现高细节区域(如城市地区)随着空间分辨率的增加而表现更好,而更大、更不详细的类别(如草地)随着空间分辨率的降低而精度提高。在研究区域的小规模地产中,森林的细节是碎片化的,将提供像草地这样的大型连续类区域,但也提供更小的几何复杂区域。

## 1.2.3 多源遥感影像在地物分类方面的优势

准确、大面积的土地覆被图是探索自然和生物活动与空间格局关系的基础数据支撑。生态环境变化的模拟、监测与评价,人类社会经济发展,其他科学研究,粮食安全与耕地面积评价,森林变化监测,城市扩展与结构分析,水体面积提取与污染评价等也需要及时更新大型专题地图,为人类可持续发展战略提供重要指标。随着遥感技术的发展和各种卫星数据来源的出现,遥感已成为测绘大面积土地覆盖的重要方法。

基于 NOAA/A VHRR、MODIS、ENXISAT/MERIS 等卫星传感器的影像数据,土地覆盖产品通常具有粗糙的空间分辨率(300~1 000 m)。例如,我们有来自波士顿大学的 500 m 空

间分辨率 MODIS 全球土地覆盖数据。ESA 的 ESA-cci 数据集的空间分辨率为 300 m。哥白尼全球土地服务(The Copernicus Global Land Service,CGLS)数据集的空间分辨率为 100 m。以往的研究表明,较低的空间分辨率通常会导致较低的精度。随着地球资源卫星(Landsat)系列卫星的发展,利用中等空间分辨率的土地覆盖产品对大面积进行监测成为可能。如清华大学开发的 FROM-GLC、国家基础地理信息中心开发的 GlobeLand30 等,空间分辨率为 30 m。此外,还有一些单一类别的土地覆盖产品,如美国地质调查局开发的全球粮食安全保障分析数据 30 m(GFSAD30),日本宇宙航空研究开发机构(Japan Aerospace Exploration Agency,JAXA)开发的先进陆地观测卫星相控阵 l 波段 SAR(PALSAR),全球地表水探测器数据集等。不同的遥感影像会影响土地覆盖数据的空间分辨率,而空间分辨率限制了土地覆盖分类系统的细节水平。因此,由于不同的分类系统、分类方法和卫星传感器类型,多源产品之间存在很大的不一致性。当在协作中使用多源产品时,会导致更大的不确定性。

数据融合可以通过整合多源数据来克服单一数据源的有限精度和不确定性。一些融合决策方法,如贝叶斯理论、Dempster-Shafer 证据理论、模糊集理论等,已经在众多研究中得到了有效的应用。一些研究引入了多源统计量来校准融合产物,从而提高了融合结果的准确性。

原始产品的准确性显著影响融合结果,因此,随着输入产品的增加,产品的权重是由先验知识确定的,否则很难获得良好的效果。由于融合决策方法的上述局限性,研究人员从以前的地表覆盖产品中选择样本来更新地图。例如,美国地质勘探局(United States Geological Survey,USGS)提出了光谱变化监测方法来识别非变化区域,并将这些区域作为样本来训练决策树分类器,从而快速更新土地覆盖图。

然而,从单一来源的表面覆盖产品中获得的信息往往不如多种产品的融合可靠。

多源数据融合通常需要重新采样以统一空间分辨率并获得一致区域。一致区域是指在同一地理位置,多种土地覆盖产品保持在同一类别的区域。我们通常可以对保留的关于每个地被产品的信息有很高的置信度。因此,从多源产品的一致区域提取有效信息,对不一致区域进行校正,被认为是一种有效提高制图精度的融合方法。然而,由于重采样,最终的结果仍然是空间分辨率较为粗糙。

遥感技术能够解决传统野外调查的不足。由于林地的特殊条件,人工调查难度较大。这给林地监测带来了极大的挑战。在面积过大、难以进入的地区,通过遥感技术可以对林地进行监测。近年来,对地观测系统发展迅速,为森林提供了大量的观测数据。遥感技术已成为大尺度森林分类的首选。可用于地面分析的数据包括高光谱图像、光探测和测距数据、多光谱图像等。特别是高空间/光谱分辨率的数据为林区提供了丰富的数字信息。高光谱图像由许多连续的窄带组成,这些窄带蕴含着不同树种的光谱细节。Sun 等使用了连续多月份的环境一号(HJ-1)卫星数据对中国东部江苏省沿岸的盐沼地区进行监测,基于月度 NDVI 的时间序列数据制图,精度高达 80.3%。而多光谱图像因为其有较高的空间分辨率,能够提供丰富的空间和背景信息。

多光谱(MS)和高光谱(HS)图像比 RGB 图像具有更多的波段。众所周知的 MS 图像包括 Landsat 图像和 Worldview 图像。Landsat 图像有 11 个波段,Worldview 图像有 1 个全色波段,8 个可见光和近红外(VNIR)波段,8 个短波红外(SWIR)波段。空间分辨率可能差别很大。Landsat 在大多数波段分辨率为 30 m,而 Worldview 在近红外波段分辨率为 1.2 m,在 SWIR 波段分辨率为 7.5 m。HS 图像的例子包括机载可见/红外成像光谱仪(A VIRIS)和自适应红外成像光谱仪(AIRIS)。VIRIS 图像有 224 个波段,波长范围为 0.4~2.5 μm。AIRIS 是一种长波红外(LWIR)传感器,具有 20 个波段,用于远程探测神经毒气等化学制剂。

MS 和 HS 图像广泛应用于火灾损害评估、异常检测、化学药剂检测与分类、边缘检测、目标检测、变化检测等领域。由于对成本的考虑,不同的成像仪需要在空间、光谱和时间分辨率之间进行权衡。高空间分辨率成像仪通常不能同时具有高光谱分辨率,反之亦然。NASA 未来的 Hyspiri 任务中有 200 多个波段,但空间分辨率只有 60 m。虽然 NASA 打算实现 Hyspiri 全球覆盖,但对于港口的船舶探测、机场的飞机探测和计数等许多应用而言,其 60 m 分辨率较低。近年来,人们在提高 MS 和 HS 图像空间分辨率方面取得了一些新进展。基于平移锐化的融合方法被用于提高 MS 和 HS 图像的空间分辨率。

除了上述 MS 和 HS 图像的分辨率问题外,还存在其他研究课题,如异常检测、分类等。变化检测通常是指对两个不同时间点采集的图像之间的变化进行检测。例如,计算购物中心一段时间内的汽车数量将为店主提供商业智能。与边缘检测有关,通过比较不同时间收集的图像,可以发现非法踪迹。然而,也存在一些实际问题,如由光照、错配、视差等引起的变化。另一个重要的问题是计算负载,因为 HS 图像有数百个波段。最近的一些综述论文已经对截至 2005 年、截至 2012 年和截至 2015 年的算法进行了很好的概述。我们的目标是从从业者的角度在使用 MS 和 HS 图像的树种分类领域提出一些挑战和实际问题。在过去的五年中,我们一直致力于地物检测与分类,使用卫星图像进行分类与识别等应用。从这些应用程序中,我们观察到一些具有挑战性的问题,在我们看来,这些问题被学术界所忽视,并且仍然没有得到解决。例如,从漫游者、卫星或机载传感器获取的非最低点图像的配准仍然是一个未解决的问题。另一个未解决的问题是如何注册具有不同视图的两个图像。由于图像的内容是非平面的,目前还没有令人满意的方法来对齐两幅图像。此外,我们发现在某些情况下,使用合成光谱波段可以提高分类性能,但在其他情况下,我们没有看到太大的好处。其他实际问题也存在,如使用融合图像进行分类。所有这些观察结果都是从实践中得出的,解决它们对于树种分类很重要。

尽管森林树种的精确分类研究取得了一定的进展,但现有的分类方法大多都是由高分辨率图像的可用性和与特定森林类型的复杂数学模型的结合决定的。然而,这些数据集和方法难以广泛使用。尽管过去几十年发射的卫星越来越多,但光谱分辨率、空间覆盖率和重复频率之间的权衡仍然无法得到妥善解决。到目前为止,还没有一个卫星传感器能够同时产生高空间分辨率和高光谱分辨率的影像。空间分辨率和光谱分辨率代表了卫星对地球表面细节的呈现能力、重复观测能力和光谱探测能力,这些都是识别不同森林类型的重要指标。

多源遥感融合算法突破了单一传感器的约束,有效整合了多平台互补观测的优势,从而为实现更准确、更全面的森林分类和监测提供了机会。由于高光谱的低空间分辨率和多光谱的低光谱分辨率的缺陷,单一数据源会妨碍复杂地区树种的准确分类。高光谱和多光谱不同的光谱和空间特征能够反映出两者细微差异,有利于树种分类。多光谱与高光谱的联合可以整合多种相关特征,提高树种分类的准确性,为林业遥感领域带来新的曙光。在过去的几十年里,人们提出了许多基于多源遥感树种分类的方法。Alonzo 等使用高光谱和激光雷达数据,通过提取光谱和树冠特征,在美国加利福尼亚州圣巴巴拉市分类出 29 种常见树种,分类的平均精度达到了 0.83;Yu 等通过对芬兰南部北方森林的分类发现,机载多光谱、激光雷达数据与随机森林算法的结合在树种分类中有较好的表现;Tao 等使用高光谱和多光谱数据在古田山分类出 5 个树种,总体精度达 0.81;Zhao 等使用高光谱及激光雷达数据,通过提取光谱和树高信息,对神农架自然保护区中树种进行了有效的分类,为预测该地区的物种多样性奠定了基础。与自然森林生态系统相比,林场的树种分布较为单一,有明显的优势树种,在遥感监测方面具有很强的操作性,分类精度较高。

因此,多源遥感影像在树种分类中的优势如下。

(1)高光谱遥感影像数据包含的光谱数据具有连续性,能充分表示森林树种间的光谱以及其他信息特征的差异,为提高森林树种分类精度提供丰富的光谱特征。

(2)多光谱遥感影像数据容易获取、成本低、时效高。

(3)高光谱遥感数据波段众多,能够增强分解混合像元的能力,降低噪声,从而大大地提高获取地物光谱特征的真实曲线能力。

(4)通过高光谱遥感数据,能够提取其丰富的光谱特征得出更多森林生物参数,例如植被页面指数、森林郁闭度和森林覆盖面积等信息。

(5)由于高光谱和多光谱各自使用不同的成像传感器,高光谱数据在光谱分辨率方面具有较高的优势,但其空间分辨率相对较低;相反,多光谱图像在空间分辨率方面较高,但光谱分辨率相对较低。因此利用高光谱和多光谱遥感数据的强大互补性,联合高光谱与多光谱图像的各自优势特征,能够提高森林树种分类的准确性。

(6)通过高光谱与多光谱遥感数据联合分类能够充分利用各自优势数据的特征信息,综合多个因素充分表示树种特征,优于单一数据源的树种分类。

(7)通过高光谱和多光谱的遥感影像对树种进行联合分类还处于发展阶段,具有很大的研究和提升空间。

## 1.2.4 遥感影像树种分类的研究现状

### 1.基于高光谱数据与雷达数据

在可持续森林管理的框架内,需要关于森林参数的可靠数据,如树种组成、林分多样性、森林活力和木材量。目前,在许多区域,例如法兰德斯,数据采集是通过耗时和劳力密集的实地活动完成的。自动树种分类算法的发展是一个典型的例子,它不仅是研究人员感兴趣的领域,而且也是森林组织和管理机构感兴趣的领域。遥感技术的最新进展提供了促进和改进这种信息获取的潜力。特别是,HSI 提供了地面覆盖物光谱特征的详细描述,而LiDAR 数据提供了有关同一调查区域高度的详细信息。HSI 图像覆盖可见光、近红外和短波红外波段,波长范围为 0.4~2.5 μm,可用于详细的定量分析,如测定叶片叶绿素或水分含量,从而区分树种。LiDAR 数据提供了每个反射点的三维位置,可以直接应用于估算树高或生物量等参数。全波形激光雷达数据可以提供更多关于三维物体的信息,因为它记录了激光的时变信号,与离散返回 LiDAR 数据相比,能够更好地建模植被立地的垂直结构。许多研究调查了单独使用 HSI 图像,或单独使用 LiDAR 数据用于森林应用。单一数据源的使用可能不足以做出可靠的决策,例如,光学高光谱数据无法提供植物高度和冠层结构的三维信息,而激光雷达数据可以弥补这一缺点。另一方面,单独使用 LiDAR 数据很难区分相同高度的树种,而结合 HSI 数据却可以做到。激光雷达数据的补充信息,与光谱信息相结合,可以为树种制图提供更全面的解译。传感器技术的最新进展有利于从同一研究区域获取 HSI 和 LiDAR 数据,促进了多传感器数据融合技术的发展。Holmgren 等利用多光谱图像和 LiDAR 数据的融合进行树种分类。

Koetz 等利用支持向量机(Support Vector Machines,SVM)融合 LiDAR 和 HSI 波段进行燃料成分分类,报道了融合后的分类性能优于单独使用任何一个传感器;结合 HSI 和 LiDAR 遥感数据对复杂林区进行分类,采用多分类器对多传感器信息进行合理整合,形成了一种新的分类系统;提出了一种随机森林模型,用于自动融合 HSI 和 LiDAR 数据,对 8 种非洲稀树草原常见树种进行分类发现,将一个数据源中的某些属性(如树种高度)与另一个数据源中的互补属性(如光谱信息)结合,可以显著提高分类性能;提出了一种核学习模型来处理来自 HSI 和 LiDAR 数据的异构特征融合,其中不同特征源的相似性由高斯核建模(不同尺度特征的带宽不同)。Yokoya 等提出了一个框架,通过比较从 HSI 和 LiDAR 数据中获得的物理特征与基于人类感知的专业知识来评估景观视觉质量。该方法融合了日本复杂混交林的光谱特征(预处理高光谱数据的前几个主要成分)和单株树的大小与形状(来自单株树冠描绘后的 LiDAR 数据)。Coillie 等将高光谱和激光雷达数据都转移到 PCA 域,然后从两种数据中增量组合 PCA 特征,并根据最佳精度选择最优特征集进行最终分类。Buddenbaum 等将高分辨率和全波形激光雷达图像集成用于树种和树龄分类。他们的融合方法首先将包含地面体素平均 LiDAR 强度值的三维矩阵变换成多波段图像文件(即全波形 LiDAR 图像),然后将 HSI 和全波形 LiDAR 图像归一化为相同的比例尺,最后将两个归一化数据源集中在一起作为分类器的输入,得到分类图。

在高分辨率遥感研究中,景观物体的足迹通常包含一个以上的像素,这表明相邻像素之间的空间相关性很高。许多方法从 HSI 和 LiDAR 数据中生成额外的空间(上下文和结构)信息,然后将它们合并以改进融合过程;将几何信息(通过图像分割得到 LiDAR 数据)与光谱信息(来自 HSI 数据)相结合,用于城市区域分类。多传感器数据融合的一种简单而定向的方法是将多个特征源集中在一起作为分类器的输入,这在遥感中得到了广泛的应用。例如,首先使用形态属性过滤器(maff)从 HSI 和 LiDAR 数据中提取上下文和结构信息,然后在堆叠架构中融合进行分类。简单地将多个特征源叠加在一起进行融合虽然方便,但可能会导致维数问题和计算时间过长。研究者提出了一种基于图的融合方法及其推广版本,将光谱信息(原始 HSI 图像)和形态特征(同时基于 HSI 和 LiDAR 数据)进行降维与特征融合。几何特征(mats 建模)联合使用,分别在无云区域(分类器由可用训练样本训练)和云覆盖区域进行分类。

为了获得云区域下训练分类器的新样本,研究者们假设多个特征共享相同的类簇。一些研究人员提出了一种基于全变分的融合方法,将高维多特征(由消光滤波器提取)投影到较低的特征空间,同时保持平滑性和空间结构;从 HSI 和 LiDAR 数据中获得多个植被指数,并共同作为随机森林分类器的输入,用于旱地灌木表征;开发了面向对象的方法,将 HSI 和 LiDAR 数据融合到热带森林遥感场景分割中;在 HSI 与 LiDAR 数据融合中,对逐像素(如植被指数)和基于目标的特征进行并行提取与融合,其中结合了无监督和有监督分类方法。

2. 基于多光谱遥感数据

由于存在混合像素的问题,使用中等空间分辨率的遥感数据面临着挑战。虽然一般情况下,中低空间分辨率的数据可以对森林类型进行分类,但分类结果缺乏对树种组成的详细分析,因此无法满足森林管理者的需求。高光谱影像数据和激光雷达数据的出现使得森林树种的精细分类制图成为可能。首先,高光谱传感器可以对每个空间像元进行色散,产生几个甚至几百个窄波,从而实现连续的光谱覆盖。这样能更加精细地捕捉植被的生化变化过程,因此在许多研究中,高光谱数据的结果优于多光谱影像。与多光谱图像相比,高光谱图像具有更高的光谱分辨率,在树种分类方面有显著的改进,因此高光谱图像被广泛用于树种分类。然而,高光谱遥感图像中的各个波段存在高相关性和高冗余度,因此在处理上存在一定的困难,同时也需要更高的计算能力。

此外,尽管陆地激光雷达可以用于树种分类并提供关于森林结构的详细信息,但由于激光雷达和高光谱数据的操作使用限制以及高昂的成本,这些数据在大区域研究或全球范围内的适用性仍然有限。

因此,在大区域植被和森林覆盖研究中,Sentinel-2A(具有相对密集、可自由获取的多光谱影像)是更具优势的数据来源。李哲等利用高分二号影像构建了多种单时相和多时相影像组合,采用支持向量机(SVM)和随机森林(RF)两种分类器,成功实现了对 8 种树种的面向对象分类,整体精度为 63.5%~83.5%,Kappa 系数为 0.57~0.81。蔡林菲等基于高分二号影像结合多种遥感和 GIS 特征因子,比较了支持向量机、随机森林和极端梯度提升(XGBoost)等 3 种分类算法,成功对龙泉市的阔叶树、马尾松、杉木和毛竹等 4 种主要树种进行分类,其中采用极端梯度提升分类模型的总体精度为 83.88%,Kappa 系数为 0.78,明显优于支持向量机和随机森林分类方法。林志玮等以福建省泉州市安溪县为例,利用无人机在不同高度进行航拍,采用卷积神经网络(DenseNet)建立了树种识别模型,结果显示不同航拍高度的树种识别模型的分类精度均超过 80%,最高精度达 87.54%。Laurel 等使用激光雷达数据对美国加州国家保护区及周边峡谷森林的树种进行分类,研究使用支持向量机和随机森林分类器,结果表明所有分类结果的整体准确率均在 90%以上,使用额外训练样本时,支持向量机的性能优于随机森林,增加训练样本也能提高支持向量机分类器的个体性能。Nicola 等研究了 Sentinel-2A 在地中海地区进行森林类型制图的能力,结果表明夏季获取的单个 Sentinel-2A 图像无法区分森林类型,需要收集不同物候期的多时相图像,最佳时相组合的图像准确度超过 83%。物候变化可以提高树种间光谱的可分性,物候周期引起的反射率变化有助于准确分类森林树种。在利用多光谱影像进行森林树种分类时,关键问题是选择和组合多时相数据的方法。

3. 深度学习在遥感领域中的应用

深度学习成为遥感分类的热点。现今人们对分类结果的要求越来越高,多个分类器或多数据源的联合分类因为强互补性或高性能的优势,越发受到学者的重视,所以选择合适的数据和分类方法是树种分类研究中的重要环节。深度学习是机器学习的一个研究子领域,旨在利用增量方法在数据集中建立抽象的层次模型。受人脑深层结构功能启发,深度学习算法通过多层非线性变换操作激活有效信息,构成学习模型,建立输入数据与输出数据之间的映射关系。GPU 等高算力设备给深度学习方法在遥感分类的应用带来了新的契机。神经网络借助卷积神经网络(CNN)对大批量样本训练分析,分类结果较好。利用上下文深度 CNN(CD-CNN)中相邻像素向量的局部空间-光谱关系进行上下文交互。Xu 提出了基于频带分组的长短时记忆(LSTM)模型和多尺度 CNN 分别作为光谱和空间特征提取器。Yang 提出的双重 CNN 分支结构可以从低分辨率的 HSI 中提取光谱特征,从高分辨率的 MSI 中提取空间邻域特征信息。

基于遥感数据的树种分类方法是伴随着统计学的进步发展起来的。遥感影像分类方法分为监督和无监督两大类。监督分类需要数据训练或者先验知识学习,主流方法有 K-值邻近法(K-nearest neighbor,KNN)、最大似然法(maxi-mum likelihood classifiers,MLC)等。无监督方式则不需要先验知识或者数据训练,主流方法有支持向量机方法(SVM)、K-均值聚类法(K-means clustering algorithm)、ISODATA、随机森林等算法。这几种算法各有优势,随机森林和支持向量机算法对输入无须服从正态分布;MLC 和 KNN 简单方便,适用性强。这些方法大量应用于树种分类。例如,Franklin 等利用无人机(UAV)在阔叶林上的拍摄的 MSI 数据,利用随机森林(RF)分类器对 4 个树种进行分类,分类结果的总体准确率(OA)达到 78%。Xie 等通过资源三号多光谱和立体图像数据,使用了 MLC、KNN、决策树、RF、SVM 和人工神经网络 6 种算法对旺业甸林场的白桦、油松、蒙地松、红松、白杨、榆木进行了分类研究,落叶松和白桦的识别率达到 80%以上,几种算法对各树种的分类各有优势。Koukal 等基于 RF 对阿尔卑斯山附近的多光谱数据进行树种分类,随机取样分类,最高精度可达 0.9,而 Yang 等基于 RF 算法对雷达数据进行树种分类,精度只有 0.6。这种现象说明研究对象不同、地点不同、种类数量不同时,遥感数据差异较大,分类结果差异也较大。一般情况下,种类数量越少,错分可能性也越小,分类结果精度越高,所以评价分类算法不能只考虑精度。算法无好坏之分,只有合适的算法才能获得好的分类效果。

很多学者基于深度学习方法对树种分类进行了研究。在树种分类方面,深度学习的分类结果普遍优于其他常用的分类器。Pölönen 等应用三维卷积神经网络(3D-CNN)对芬兰北方针叶林 HS 数据分类出 3 个优势树种,验证数据集的分类精度达到 0.9。Onishi 和 Ise (2018)使用了一种开源的深度学习软件包,利用可见光数据对日本天然林中的 7 个树种进行分类,分类精度达 0.89。Yu 等在对芬兰南部森林进行分类时发现,多源数据结合的精度比使用单一数据的分类精度要高。Hartling 等使用用于场景分类的 CNN 来区分美国密苏里州圣路易斯的城市树种。结合卫星图像和激光雷达数据,对 8 种树种进行分类,平均准确率为 0.80。Zhang 等比较了不同的 CNN 场景分类架构,在数千张树冠图像组成的数据集中分类 10 种城市树种,总体准确度在 0.84 以上。

4. 深度学习与多源遥感卫星影像结合

随着遥感数据的获取及可应用性不断提高,对不同类型的遥感数据源进行融合与分类成为近年来研究森林树种分类的一种发展趋势。光学遥感具有丰富的光谱信息,通过整合不同类型遥感数据,可发挥其各自的优势,有助于提高分类精度。而且多源遥感数据的联合使用,可从不同角度对森林树种分类进行讨论,从而为制定相应合理、高效的保护和管理措施提供技术支持,以促进资源环境与社会经济和谐发展。Sentinel-2 卫星遥感数据因其低成本和高空间分辨率而被应用于树种分类技术。Leila 等通过随机森林(RF)分类算法,基于 Landsat-8、Sentinel-2 和 IRS-Pansharpened 三种数据源,对伊朗 Hyrcanian 森林中最常见的火炬松、黑赤杨和杨树三个树种进行了精细分类。Hu 等通过支持向量机算法,基于多光谱和全色图像以及光探测和测距数据的光谱、纹理和结构特征自安大略省多伦多的约克大学基尔校区进行树种分类,总体分类精度达到 0.89。Lim 等通过整合不同空间分辨率传感器的数据(Sentinel-2、GeoEye-1、WV3),使用机器学习分类器对韩国高城郡 5 个主要树种进行分类,精度达到 80%。

根据传感器技术的不同,可以使用不同的参数对物种进行分类。虽然研究城市环境需要甚高分辨率(VHR)图像,但在处理多种树种时,高光谱数据提供的高光谱分辨率比多光谱数据更合适。因此,考虑使用结合了高空间分辨率和高光谱分辨率的机载高光谱传感器更适合用于城市树种鉴定,尽管 VHR 卫星数据更便宜,并且可以更频繁地进行监测。针对这些高光谱数据,可以将特征约简应用于光谱反射率,以降低数据的维数并降低潜在的噪声:特征提取(主成分分析(PCA)、最小噪声分数(MNF)和/或特征选择(遗传算法(GA)、支持向量机(SVM))等。还有光谱反射率的变换,以增强色素吸收特征,减少土壤背景的影响(导数、连续体去除(CM)、植被指数)。特别是,MNF 在许多研究中表现良好。

对于 PAN 和 nDSM 数据,存在不同的方法来定义纹理特征(灰度协同矩阵(GLCM),小波变换(WT)和结构特征(统计、轮廓))。一般来说,这些数据与光谱信息结合使用。Iovan 等以基于目标的分类为重点,通过在目标尺度上计算 GLCM 和 Haralick 特征,从空间分辨率为 20 cm 的航空多光谱数据中,对法国马赛 2 个树种的 37 棵树进行了分类。在这样一个简单的案例中,它们的总体准确度可以达到 100%。利用物体尺度下太阳平面沿路径的辐射剖面,结合多光谱反射率、植被指数和纹理信息,从空间分辨率为 6 cm 的多光谱数据中,对加拿大多伦多地区的 6 种植物进行了分类。当添加这些信息时,获得了大约 10% 的总体精度改进。利用高光谱 A VIRIS(机载可见红外成像光谱仪,空间分辨率 3.7 m)和 LiDAR 数据,在目标尺度上定义 LiDAR 点云的结构特征,然后进行特征级融合,对美国加利福尼亚州圣巴巴拉的 29 种物种进行分类。与单独使用高光谱数据获得的结果相比,他们的融合结果使总体精度提高了 4.2%。

由于高光谱、PAN 和 nDSM 数据对物种分类的贡献不同,因此将它们结合起来可以获得更好的性能。在分类过程中,数据融合主要在两个层面实现:feature(feature vector 的融合)或 decision(classification results 的融合)。Alonzo 等(2014)利用特征级融合对圣巴巴拉的 29 种物种进行了分类,将像元尺度的高光谱数据和物体尺度的结构特征叠加在像元尺度的特征向量中(结构特征的空间子采样);利用基于支持向量机隶属度概率的基于像素的决策级融合,对马其顿森林中使用高光谱(Hyperion,空间分辨率为 30 m)和多光谱(Quickbird,空间分辨率为2.4 m)数据的4种物种进行分类。高光谱和多光谱数据的总体精度分别为66.5%和65.7%,融合策略的总体精度达到78.9%。在所有的研究中,主要是两种来源的组合,而使用几个来源应该更能提高性能。此外,数据源通常存在部分互补性分析,而非互补性源在逻辑上无法提高性能。关于融合策略,特征级融合通常基于对象的分类,而所有特征不一定在相同的空间尺度上计算,特别是在处理异构数据时。这些特征必须以相同的尺度重新采样才能堆叠在相同的特征向量中,这需要高质量的配准。

每个特征都会被分配权重,而这些特征在物种分类的角度上没有基础。由于休斯效应(Hughes effect),特征越多,准确度就会降低。此外,分类算法对所有来源都是相同的,而对某些来源可能更合适。另一方面,决策级融合没有这些缺点,但需要一个决策规则来权衡不同的数据源。

利用深度学习方法,结合多颗卫星的遥感影像数据,提取特征信息进行树种分类,可以改进现有的分类策略。Liu 和 Wang 利用 VGG16 和 UNET 模型进行树种分类和库存量估算。Ren 等利用高空间分辨率遥感影像和多源辅助数据,采用层次化分类方法在复杂山区区分不同的森林类型。Chen 等提出了一种基于深度学习空间特征提取方法,利用归一化差分法植被指数(NDVI)衍生的植被局部差异指数(VLDI)来提高森林类型分类的准确性。基于深度学习方法将中分辨率图像提取的空间信息与光谱信息结合,可以提高分类精度和视觉质量。Castilla 等对 4 套独立的土地覆盖数据集和不同的卫星图像(SPOT、Landsat 和 MODIS)进行了协调,生成了一幅普通而简单的森林地图,包括 3 类森林(针叶林、阔叶林和混交林)和非森林。Connette 等使用多光谱 Landsat OLI 图像圈定了缅甸 Tanintharyi 地区的主要森林类型,并估计了每种独特森林类型的退化程度。在树种分类领域,已有丰富的遥感数据,但尚未深入挖掘潜在的信息。

## 1.2.5 深度学习在遥感影像树种分类中的问题与挑战

虽然高光谱技术为人们了解地物提供了丰富的信息,但也给数据处理带来了一系列难题。高光谱数据存在冗余度高和波段之间相关性强的特点。高光谱数据的降维算法和识别算法的性能对于高光谱技术在地物识别中的应用至关重要。因此,国内外的研究者在高光谱数据的降维和识别算法方面进行了大量的研究工作。然而,利用高光谱技术对特定目标和特定环境下的算法难以直接推广到其他目标上。这主要是因为高光谱技术在获取目标地物光谱信息的过程中受到环境、空间和时间等因素的影响,具有复杂的时空动态性。因此,对高光谱数据的处理方法存在一定的局限性。

由于遥感技术在获取树种的光谱信息时依赖于光照,尤其是星载遥感和机载遥感所使用的都是自然条件下的光照,而自然光照是不稳定变化的,这导致相同的树种可能呈现出不同的光谱特征,即所谓的"同物异谱"现象。尽管星载高光谱遥感和机载高光谱遥感在很大程度上能够反映出不同地物之间的微小反射光谱差异,从而在很大程度上克服了传统遥感中的"异物同谱"现象,但由于受到自然光照变化的影响,"同物异谱"现象仍然难以避免,从而影响对树种的识别精度。在野外采集树种冠层或叶片的光谱信息时,非成像光谱仪同样会受到自然光照变化的影响。

根据对国内外利用高光谱技术进行树种识别的发展现状的了解,可以得知基于非成像高光谱数据的树种识别精度和精细识别程度要高于星载高光谱和机载高光谱遥感数据。这是因为非成像光谱仪是在近地采集树种冠层或叶片的反射光谱信息,这些光谱数据能够很好地反映植被的光谱特性。研究表明,叶片的光谱特征对植被的识别能力优于冠层光谱特征。为了更好地获取叶片的光谱特征并避免自然光照变化对叶片光谱特征的影响,一些研究者将采集的叶片样本带回实验室,并在稳定的卤素灯光源下使用非成像光谱仪来获取叶片的反射光谱信息。然而,非成像光谱仪通过光纤探头来采集光谱信息,只能将探头置于一定的高度,使叶片位于探头的视角范围内进行采集。然而,这样的视角范围无法准确控制,导致叶片的反射光谱中混杂了很多背景噪声,或者仅包含叶片局部范围的光谱特征,无法获取完整的叶片光谱信息。

虽然前面提到的研究能够为大多数关于树木检测的任务提供满意的结果,但遥感界仍然面临着一些与高光谱数据相关的挑战。其中之一被称为休斯现象,也被称为维度的诅咒。这个问题往往是持久的,更具体地说,当处理小样本量时,即使对于深度神经网络来说,数据的高维也可能是一个问题,因为特征数量的增加可能会降低其性能,它会在特征空间中引入噪声和稀疏性。CNN 是图像和模式识别中最常用的深度学习架构之一,当应用CNN 时,肯定会用到数据降维方法。为此,通常使用主成分分析(PCA)或互信息分析。

在许多环境中,高光谱数据可以根据物体对分析光谱带的响应提供非常详细的物体视图。在许多情况下,通常使用波段选择步骤来识别最能表征感兴趣对象的波段。PCA 是广泛应用于数据分析的波段选择技术的一个常见例子。PCA 是一种用于降低高维数据维数的线性方案。然而,PCA 方法在不考虑目标位置(如单株)或任何其他监督学习的情况下,粗暴减少光谱数量可能会导致有效信息的丢失。因此,想通过光谱波段的大量增加使数据量增长,需要更有效的方法。

与森林地区遥感图像有关的另一个挑战来自其环境的高密度。树木和非树木像素之间的大多数光谱差异都很重要,因为较亮的像素通常被识别为树冠,而较暗的像素被视为其边界的指示物。在高密度区域,这种类型的区分可能很困难,即使是基于深度神经网络的方法,因为其中一些方法依赖于边界盒。

目前基于深度学习方法对森林高光谱与多光谱遥感影像进行树种分类问题总结如下。

(1)各卫星传感器之间辐射分辨率、光谱响应、成像时间的不同,以及像元的地表反射率存在差异,导致"同物异谱"或者"异物同谱"的现象产生,这会给森林树种识别与分类造成很大障碍,因此需要保证各传感器的波段和像元地表反射率一致的前提下,才能联合利用各传感器不同波段光谱及空间信息。

(2)高光谱与多光谱遥感影像数据联合应用时,现有方法对多数据源的光谱和空间等特征信息提取不充分,造成模型的树种分类结果不理想,那么如何设计模型结构和制定融合策略是亟待解决的课题。

（3）现有基于深度学习的图像分类方法，在进行空间特征和光谱特征融合时使用了神经网络算法，虽然提高了树种分类精度，但却增加了大量冗余计算，导致树种分类效率低下。

（4）现有的深度学习图像分类方法主要基于监督分类，而大规模的数据集标注异常困难。监督学习强烈地阻碍了深度学习在树种分类中的适用性。所以对无标注的树种分类算法需求迫切，因此，研究半监督或者无监督的图像分类方法具有重要意义。

# 1.3 研究内容和技术路线

## 1.3.1 主要研究内容

对于森林及相关领域的遥感影像分类，高光谱和多光谱等多源遥感影像联合分类具有很大的优势，并且数据间波段及空间信息是高度相关的。多种遥感数据可进行优势互补，辅助结合应用，以提高树种分类的精度与效率。本书就上一节基于 MSI 和 HSI 的树种分类的问题，相应的研究内容如下。

（1）针对问题（1），对研究区域遥感影像数据与处理方法的研究。对两种遥感影像数据和人工调查数据进行预处理，使两种影像数据的素级级分辨率一致，然后进行裁剪和叠加。对树种代表性的 3 块区域，建立多源遥感影像森林树种数据集。

（2）针对问题（2），基于循环卷积高光谱分支和沙漏模块空间分支的多源遥感影像森林树种分类模型进行研究。HSI 具有高光谱分辨率的特征，而 MSI 数据具有高空间分辨率的特征，那么对两种遥感卫星传感器的影像数据的有效特征进行提取与融合有助于提高树种分类精度。首先，使用长短时记忆循环卷积神经网络对光谱信息的长短期特征进行学习，提取有效光谱特征。同时，使用基于沙漏模块的卷积神经网络对多光谱数据的空间信息进行特征提取，然后对提取的两种特征进行有效融合与分类，从而提高树种分类精度。

（3）针对问题（3），基于轻量模型进行多源树种分类研究。针对树种分类中梯度消失和计算冗余的问题，首先，本书对轻量模型中激活函数进行研究，提出 Smish 激活函数，并对该激活函数进行实验，评估其可靠性及稳定性。其次，对轻量模型 EfficientNet 进行改进，使用 EfficientNet-Smish 对多源树种特征进行提取，减少冗余计算。为了更加有效地融合两种数据源，采用交叉注意力算法进行判别融合，避免学习过程中的梯度消失。最后，对树种进行分类，优化算法，减少参数，降低算法复杂度，从而提高效率。

（4）针对问题（4），对部分样本进行标注，基于超图卷积神经网络的半监督算法进行树种分类研究。前两个研究都是在全监督学习模式下进行的树种分类，因为树种样本标记困难和图卷积神经网络在半监督学习模式下的强大优势，提出了基于多源数据的半监督超图卷积神经网络树种分类模型，首先对两种数据源分别进行卷积运算提取特征，然后构建超图卷积神经网络模型,在超边卷积运算过程中对两种数据源特征进行融合,最后将所有特征在像素级别进行计算,完成树种分类任务。

(5)基于对比学习的自监督算法多源树种分类研究。针对半监督树种分类中图卷积算法需要计算邻接矩阵而消耗大量资源和仍需要人为标记的问题(问题(4)中的无样本标注)。本书尝试在无标签下对多源遥感影像进行树种分类研究。首先对两种数据源分别自编码学习训练,本书通过引入原型作为潜在变量,以帮助在期望最大化中找到模型的最大似然估计参数,将聚类发现的语义结构编码嵌入学习空间中,在两种数据源特征下对模型进行学习完成树种分类任务。

## 1.3.2  总体技术路线

基于以上的主要研究内容,本书总体技术路线如图1-9所示。

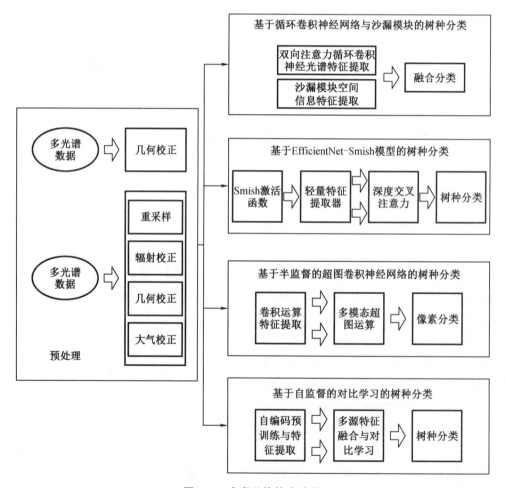

图1-9  本书总体技术路线

# 1.4 结 构 安 排

本书章节安排如下。

第1章是绪论。本章主要介绍了本书的研究背景、意义及相关技术,重点介绍了高光谱图像(HSI)、多光谱图像数据(MSI)及其优势,还介绍了多源遥感数据学习算法及深度学习算法(DL)在树种分类领域的国内外研究现状,以及存在的一些问题。

第2章是相关算法及研究区概况与数据预处理。本章首先介绍了树种分类的深度学习相关理论基础;其次介绍了研究区域及取景的环境小卫星高光谱、哨兵二号卫星多光谱遥感影像数据、外业调查数据及构建的3个多源遥感影像树种数据集;再次介绍了各种数据的预处理工作;最后介绍了分类评价指标体系。

第3章是基于循环卷积与沙漏模块的双分支模型分类研究。本章首先介绍了该模型的主要架构,详细描述了涉及的算法,其中包括长短时记忆算法用于高光谱分支,沙漏模块用于空间分支,以及混合损失函数的设计与应用;其次对提出的模型进行实验与分析。本书对实验进行了全面的设置和评估,其中包括实验硬件和软件环境的详细描述,实验所采用的评价指标、参数设置和训练过程的具体说明,以及进行的消融实验和对比实验,最后对实验结果进行了深入的分析和总结。

第4章是基于EfficientNet-Smish的模型分类。本章首先对深度学习中常用的激活函数进行研究,针对现有激活函数存在的问题提出了Smish非线性激活函数,并说明了其构造和性能,且验证了Smish的稳定性及泛化性;其次,将提出的激活函数应用于轻量模型EfficientNet中对几种公共数据集进行实验;最后又将其应用于树种分类任务中,对其进行实验分析。

第5章是基于半监督学习的超图卷积神经网络模型分类。本章首先说明提出的基于超图卷积的多源树种分类模型,并对组成该模型的关联特征模块和超图融合模块进行说明,且介绍了超边学习算法整个过程;其次对提出的模型进行实验,包括实验设置、训练过程和实验结果的分析与总结。

第6章是基于自监督的M-SSL模型分类。本章首先针对多源树种分类中的自监督学习算法相关理论进行分析,说明提出的模型相关算法,包括多源对抗性自编码算法、多源变分自编码学习算法和对比学习模型;其次对所提出的模型进行实验和分析,包括实验设置、对比实验和参数分析;最后对所提出的模型进行总结。

第7章是基于对比学习的小样本多模态模型分类。本章首先利用多视图学习策略从多模态遥感影像中构建多个视图,该方法从高光谱和多光谱遥感影像数据中构建相同场景的若干个互补视图;其次构建深度特征提取器,通过对比学习从每个视图中学习高级特征表示。对比学习对同一场景的样本进行聚合,在潜在空间中对不同场景的样本进行分离,通过特征学习和分类实验证明该方法的有效性和先进性。

# 第2章 相关算法及研究区域概况与数据预处理

对多源遥感数据在森林树种分类中的应用研究进行分析发现,当前基于遥感数据的树种分类已成为林业遥感的研究热点,多源遥感数据,如 HSI、MSI、LiDAR 及地面数据采集点传回信息为树种分类提供数据支持。采用一些特殊算法对其进行预处理,通过深度学习算法对多源数据信息进行分析和特征提取,然后对这些特征进行分类,能够提升树种分类的精度和效率。本章主要说明基于多源遥感影像森林树种分类的基础理论和研究区域。首先,说明本书对多源树种分类研究的基础理论;其次,详细说明树种分类的研究区域和实验数据集;再次,说明本书所用到的高光谱与多光谱卫星遥感数据图像的预处理方法,包括多源影像的降维与特征融合方法;最后,说明本书用到的树种分类评价方法。

## 2.1 深度学习算法

### 2.1.1 人工神经网络

1. 人工神经网络发展

自从可编程计算机问世以来,人们便开始思考如何使计算机更智能,从而替代人类处理日常工作。如今,人工智能(Artificial Intelligence, AI)在许多领域得到广泛应用,研究者们在理论研究中对其进行深入探讨。人们研究人工智能技术的目的是解放人类,希望通过智能软件来完成自动处理日常劳动、学习语音或图像识别、处理人工数据、协助医学诊断以及支持基础科学研究等任务。目前的人工智能能够轻松处理对人类智力来说困难但对计算机相对简单的问题,例如围棋和象棋等可以通过一系列数学规则描述的游戏。人工智能真正面临的挑战是那些人类容易凭直觉执行但很难形式化描述的问题,例如人脸识别和语音识别等。

为了应对这一挑战,研究者们开始探索一种方法,即让计算机摆脱人类设定的规则,自主地理解和学习任务。他们从基础简单概念开始让计算机学习,并利用简单概念之间的相互关系来定义复杂概念。这种方法改变了以往需要人类预先指定执行任务所需的知识的情况。通过用简单概念表示复杂概念的学习系统,计算机能够自主理解复杂的概念。由于简单概念和复杂概念之间存在层次结构,我们将这种方法称为深度学习。由于深度学习对计算机硬件水平的依赖性很高,它的发展并不一帆风顺,在提出后经历了多次起伏。到了21世纪初,随着计算机和硬件技术的迅猛发展,机器学习(machine learning,ML)在理论和应用层面都开始复兴。

ML在研究中变得非常广泛,并已被纳入各种应用,包括文本挖掘、垃圾邮件检测、视频推荐、图像分类和多媒体概念检索等。在不同的ML算法中,深度学习(deep learning,DL)应用非常普遍。深度学习的另一个名字是表征学习(representation learning,RL)。深度学习和分布式学习领域的新研究不断出现,一方面是由于获取数据能力的不可预测的增长,另一方面是由于硬件技术的惊人进步,例如高性能计算(high performance computing,HPC)。

深度学习源自传统的神经网络,但大大优于其前身。此外,深度学习同时采用了转换和图技术,以建立多层学习模型。最近开发的深度学习技术已经在各种应用中获得了良好的表现,包括音频和语音处理、视觉数据处理、自然语言处理等。通常,机器学习算法的有效性高度依赖于输入数据表示的完整性。与糟糕的数据表示相比,合适的数据表示提供了更好的性能。因此,多年来机器学习的一个重要研究趋势是特征工程,它已经为许多研究提供了信息。这种方法旨在从原始数据中构造特征。此外,它是非常具体的领域,经常需要大量的人力。例如,在计算机视觉背景下,介绍并比较了几种类型的特征,如定向梯度直方图(HOG)、尺度不变特征变换(SIFT)和词袋(BoW)。一旦一种新的特性被引入并被发现具有良好的性能,它就会成为几十年来人们追求的一个新的研究方向。

相对而言,特征提取在整个DL算法中都是以自动的方式实现的。这鼓励研究人员使用尽可能少的人力和领域知识提取判别特征。这些算法具有多层数据表示体系结构,其中第一层提取低级特征,最后一层提取高级特征。请注意,人工智能最初启发了这种类型的架构,它模拟了人类大脑中核心感觉区域发生的过程。使用不同的场景,人脑可以自动提取数据表示。更具体地说,这个过程的输出是分类对象,而接收到的场景信息代表输入。这个过程模拟了人脑的工作方法。因此,它强调了深度学习的主要好处。

在机器学习领域,深度学习取得了相当大的成功,是目前最突出的研究趋势之一。本书从主要概念、架构、挑战、应用、计算工具和进化矩阵等多个角度对深度学习进行了概述。卷积神经网络是深度学习网络中最流行和使用最多的一种。因为CNN,DL现在很受欢迎。与之前的算法相比,CNN的主要优势在于它可以自动检测重要特征,而无须任何人工监督,这使得它的使用率最高。

深度学习已经成功地被应用于图像/视频分类及遥感。这些模型的成功归功于通过多层处理架构来进行更好的特征表示。深度学习模型主要用于分类、回归和聚类问题。分类问题被定义为基于从训练数据集中学习到的假设集对新的观察值进行分类。假设表示输入数据特征到适当的目标标签/类的映射。在学习假设时,主要目标是它应该尽可能接近真实的未知函数,以减少泛化误差。这些分类算法的应用范围从医学诊断到遥感。

2. 深度学习与机器学习区别

DL是ML的一个子集(图2-1),其灵感来自人脑中的信息处理模式。深度学习不需要任何人为设计的规则来操作;相反,它使用大量数据将给定的输入映射到特定的标签。深度学习是使用多层算法(人工神经网络或ANN)设计的,每层算法都对输入的数据提供不同的解释。

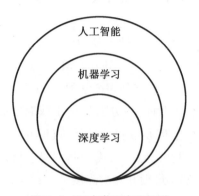

图 2-1 深度学习家族图谱

使用传统的机器学习技术实现分类任务需要几个连续的步骤,特别是预处理、特征提取、明智的特征选择、学习和分类。此外,特征选择对机器学习技术的性能有很大的影响。有偏见的特征选择可能导致类之间的错误区分。相反,与传统的机器学习方法不同,深度学习能够自动学习多个任务的特征集。深度学习可以一次完成学习和分类(图 2-2)。深度学习已经成为一种令人难以置信的、由于大数据领域的巨大增长和演变而流行的机器学习算法。在一些机器学习任务的新性能方面,它仍在不断发展,并简化了许多学习领域的改进,如图像超分辨率和图像识别。最近,在图像分类等任务上,深度学习的表现已经超过了人类的表现。

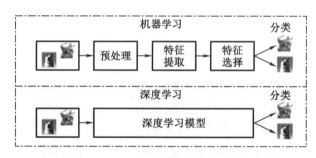

图 2-2 深度学习与传统机器学习的区别

几乎所有的科学领域都感受到了深度学习技术的影响。通过使用深度学习,大多数行业与企业已经被颠覆和改变。全球领先的科技和经济公司都在竞相加大深度学习。即使是现在,在许多领域,人类水平的表现和能力也无法超过深度学习的表现,例如预测汽车交付所需的时间、认证贷款请求的决定和预测电影评级。2018 年"计算机学界的诺贝尔奖"(也被称为"图灵奖")的获奖者是深度学习领域的三位先驱(Yann LeCun、Geoffrey Hinton 和 Yoshua Bengio)。

人类虽然已经实现了大量的目标,但在深度学习方面还有提升的空间。事实上,深度学习有能力通过提供额外的诊断准确性来改善人类的生活,包括估计自然灾害、发现新药和癌症诊断。Esteva 等发现,使用 129 450 张(2 032 种)疾病的图像,DL 网络具有与 21 名委员会认证的皮肤科医生相同的疾病诊断能力。此外,在癌症方面,美国委员会认证的普通病理学家的平均准确率为61%,而谷歌人工智能的平均准确率为70%,超过了这些专家。2020年,DL在新型冠状病毒肺炎(COVID-19)早期诊断中发挥了重要的作用。DL已成为世界上许多医院进行COVID-19胸部自动分类和检测的主要工具。

3. 深度学习基本原理

本书采用的深度学习算法(deep learning neural network, DNN)属于机器学习的一个分支,其基本原理是模仿人类脑神经认知过程,对输入的数据从低到高逐级提取信息,最后形成输入与输出的特征映射。如图2-3所示,标准的深度学习模型基本是由输入层、若干隐藏层和输出层三个部分组成的。深度学习模型之"深度",是因为其结构包含多个隐藏层而得名。

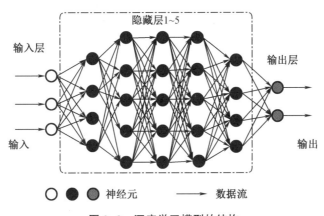

图2-3　深度学习模型的结构

公式(2-1)描述了单个神经元输入输出过程,假设 $\mathbf{R}$ 为实数空间,输入数据集 $\{x_1, x_2, \cdots, x_n \mid x_i \in \mathbf{R}\}$、权重参向量 $w_i \in \mathbf{R}$ 和偏置向量 $b \in \mathbf{R}$,通过线性加权求和的方式对特征进行组合,最后激活函数 $\sigma(\cdot)$ 对其处理输出结果 $y$。

$$y = \sigma\left(\sum_{i=1}^{n} w_i x_i + b\right) \tag{2-1}$$

激活函数如果换成非线性激活函数,那么神经网络结构会加深,DNN便能够拟合输入数据与输出数据的非线性映射关系。其中,非线性激活函数,如 Relu、Tan 双曲函数(tanh)、Sigmoid、Swish、Mish 和 Logish,在深度学习模型中表现良好。

卷积神经网络是神经网络的一种特殊形式,是较常见的网络模型,该模型采用的模式是前向反馈的分层神经网络,计算机视觉分析运用得较多。卷积神经网络基本原理是两种可积函数的运算,如公式(2-2)所示:

$$E(t) = \int g(\tau) f(t - \tau) \mathrm{d}\tau \tag{2-2}$$

式中,$g(\cdot)$ 与 $f(\cdot)$ 分别是 $t$ 上定义的两个可积函数。"$*$"表示卷积运算,所以公式(2-2)转换为

$$E(t) = (g * f)(t) \tag{2-3}$$

## 2.1.2 深度学习方法分类

深度学习技术分为三大类:监督、部分监督(半监督)和无监督。此外,深度强化学习(DRL),也称为 RL,是另一种类型的学习技术,主要被认为属于部分监督(偶尔也有无监督)学习技术的范畴。

### 1. 深度监督学习

这种技术处理标记数据。当考虑这种技术时,环境具有输入和结果输出 $(x_t, y_t) \sim \rho$ 的集合。例如,智能代理猜测输入 $y_t = f(x_t)$ 是否为 $x_t$ 并将获得损失值 $z$。接下来,代理反复更新网络参数,以获得对首选输出的改进估计。在一个积极的训练结果之后,代理获得了从环境中获得查询的正确解决方案的能力。对于深度学习,有几种监督学习技术,如 RNN、CNN 和 DNN。此外,RNN 类别还包括门控循环单元(GRU)和长短期记忆(LSTM)方法。这种技术的主要优点是能够从先验知识中收集数据或生成数据输出。然而,这种技术的缺点是,当训练集不拥有应该在类中的样本时,决策边界可能会过度紧张。总的来说,这种方法比其他方法更简单,学习效果更好。

### 2. 深度半监督学习

在这种技术中,学习过程是基于半标记数据集的。偶尔,生成对抗网络(GANs)和 DRL 以与该技术相同的方式使用。此外,包括 GRU 和 LSTM 在内的 RNN 也被用于部分监督学习。这种技术的优点之一是最小化所需的标记数据量。另一方面,该技术的一个缺点是不相关的输入特征和训练数据可能提供不正确的决策。文本文档分类器是比较流行的半监督学习应用之一。由于难以获得大量标记的文本文档,半监督学习是文本文档分类任务的理想选择。

### 3. 深度无监督学习

这种技术使得在没有可用标记数据(即不需要标签)的情况下实现学习过程成为可能。在这里,智能学习输入数据中未识别的结构或关系所需的重要特征或内部表示。生成网络、降维和聚类等技术经常被归为无监督学习的范畴。DL 家族的几个成员在非线性降维和聚类任务上表现良好(限制玻尔兹曼机,自动编码器和 GAN)。此外,包括 GRU 和 LSTM 方法在内的 RNN 也被广泛应用于无监督学习。无监督学习的主要缺点是不能提供有关数据排序的准确信息和计算复杂。最流行的无监督学习方法之一是聚类。

### 4. 深度强化学习

DRL 是在与环境交互的基础上进行的,而监督学习是在提供的样本数据上进行的。这项技术是在 2013 年与 Google Deep Mind 一起开发的。随后,许多依赖于强化学习的增强技术被构建。例如,如果输入环境样本为:$x_t \sim \rho$,预测:$y_t = xf(x_t)$,并且预测值的接收成本为 $c_t \sim P(c_t | x_t, \hat{y}_t)$,这里 $P$ 为未知概率分布,则环境向模型提问。它给出的答案是一个嘈杂的分数。这种方法有时被称为半监督学习。基于这一概念,开发了几种有监督和无监督技术。与传统的监督学习技术相比,执行这种学习要困难得多,因为在强化学习技术中没有直接的损失函数。此外,监督学习和强化学习有两个本质区别:第一,没有对函数的完全访

问,需要优化,这意味着它应该通过交互来查询;第二,与之交互的状态建立在一个环境上,其中输入 $x_t$ 基于前面的操作。

对于解决任务,需要执行的强化学习类型的选择是基于问题的空间或范围的。例如,DRL 是对涉及许多参数的问题进行优化的最佳方法。相比之下,无导数强化学习是一种对有限参数问题表现良好的技术。强化学习的一些应用是商业战略规划和工业自动化机器人。以下是使用强化学习的主要目标。

(1)长时间训练学习时性价比高。

(2)帮助发现需要采取行动的情况。

(3)使模型能够找出获得大额奖励的最佳方法。

(4)强化学习也给学习代理一个奖励功能。

强化学习也有一定的弊端,主要缺点是参数可能会影响学习的速度。例如,当有足够的数据解决监督学习的问题时,强化学习计算量会很大且耗时,特别是当工作空间大的情况下。

多源树种分类中所用到的深度学习算法包括全监督的卷积神经网络算法、循环卷积神经网络算法、半监督的图卷积神经网络算法和自监督神经网络算法。下面对这些算法进行简要介绍。

## 2.1.3 卷积神经网络算法

1. CNN 相对于传统神经网络的好处

(1)考虑 CNN 的主要原因是它的权值共享特征,它减少了可训练网络参数的数量,从而有助于网络增强泛化,避免过拟合。

(2)同时学习特征提取层和分类层使得模型输出高度有组织,并且高度依赖于提取的特征。

(3)使用 CNN 实现大规模网络比使用其他神经网络容易得多。

CNN 内部的分层神经元是由三个维度的神经元组成的,即输入的空间维度(高度和宽度)和深度。

2. CNN 构成

CNN 由卷积层、池化层、标准化层、激活层和输出层构成。

(1)卷积层

参数主要关注可学习内核的使用,这些核沿着整个输入深度扩展。当数据到达卷积层时,该层对输入的空间维度上的每个过滤器进行卷积运算,从而产生一个激活图,如图 2-4 所示。卷积层能够通过优化输出,显著地降低模型的复杂性。

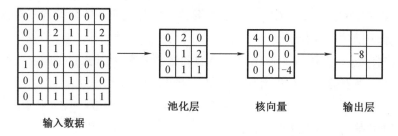

图 2-4　卷积计算例图

在 CNN 前向传播的过程中,卷积核在输入特征图上通过滑动窗口做卷积运算的方式生成新的特征图,这个过程的本质是在卷积核和输入数据的局部区域之间做线性内积运算,如图 2-5 所示,数学原理为

$$E(x,y) = (g*f)(x,y) = \sum_i \sum_j (w(i,j)g(x-i,y-j) + b) \qquad (2\text{-}4)$$

式中,$g$——输入特征;

$f$——卷积核;

$w$——卷积核权重;

$b$——卷积核偏置;

$i$、$j$——卷积核索引;

$E$——卷积计算输出;

$x$、$y$——特征输出 $E$ 的索引。

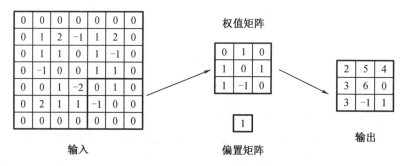

图 2-5　卷积核卷积运算的原理

（2）池化层

池化层是对输入的一种降采样操作,使用最大值池化（max pooling）或者均值池化（average pooling)缩放其维度。图 2-6 展示了步长为 2、填充为 0、2×2 大小的最大值池化和均值池化的过程。在大多数 CNN 中,都是以最大池化层的形式出现,核的维度为 2×2,并沿输入的空间维度以 2 的步幅施加。这将图像缩小到原始大小的 25%,同时保持深度体积的标准大小。

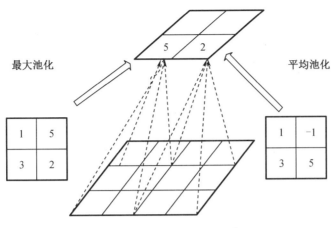

最大池化　　　　　　　　　　　　　　　　　平均池化

图 2-6　池化层池化过程示意图

（3）标准化层

标准化层（BatchNorm）已经成为深度学习中最成功的创新架构之一。开发 BatchNorm 的关键动机是减少所谓的内部协变量偏移（ICS）。这种方式被业界广泛认为是 BatchNorm 成功的关键。这种性能遵循单位高斯分布。减去平均值并除以标准差将使每一层的输出归一化。虽然可以将其视为网络中每一层的预处理任务，但也可以将其与其他网络区分并集成。此外，它还用于减少激活层的"内部协方差偏移"。在每一层中，激活分布的变化定义了内部协方差的移位。

标准化层的优点如下。

①防止梯度消失的问题。

②有效控制权重初始化不良。

③显著减少了网络收敛所需的时间（大规模数据集，效果更明显）。

④努力减少对超参数的训练依赖。

⑤对正则化的影响很小，降低过度拟合的可能性。

由于通过训练不断更新权重，这种变化变得非常大，如果从许多不同的来源（例如，白天和夜间图像）收集训练数据的样本，则可能会发生这种变化。因此，模型将消耗额外的收敛时间，反过来，训练所需的时间也将增加。为了解决这个问题，在 CNN 架构中应用了一个表示批处理归一化操作的层。Ioffe 和 Szegedy 将 ICS 描述为网络中某一层的输入分布由于前一层参数的更新而发生变化的现象。这种现象导致了潜在训练问题的不断变化，可能对训练过程有不利影响，而激活层会帮助解决这一问题。

（4）激活层

激活层也是深度学习网络的重要组成部分，非线性激活函数的功能使激活层具有非线性表示的能力。将输入映射到输出是所有类型神经网络中所有类型激活函数的核心功能。输入值是通过计算神经元输入及其偏差（如果存在）的加权和来确定的。这意味着激活函数通过创建相应的输出来决定是否根据特定的输入来激活神经元。非线性激活层是在 CNN 架构中所有具有权重的层（所谓的可学习层，如 FC 层和卷积层）之后使用的。

激活层的非线性性能意味着输入到输出的映射将是非线性的；此外，这些层赋予 CNN

学习额外复杂事物的能力。激活函数还必须具有区分的能力,这是一个非常重要的特征,因为它允许使用误差反向传播来训练网络。

激活层较为常用的非线性激活函数有 Relu、Sigmod、Swish、Tanh、Mish 和 Logish 等,其中的几种激活函数的图像如 2-7 所示。

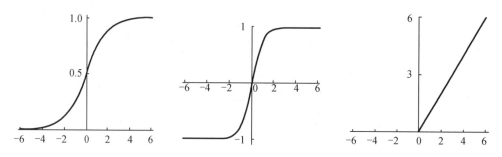

图 2-7　Sigmoid、Tanh 和 Relu 的函数图像

（5）输出层

输出层在卷积神经网络中成为全连接层(FC),其功能主要是输出卷积神经网络的预测结果,层数根据学习任务视情况而定。该层位于每个 CNN 架构的末端。在这一层中,每个神经元都连接到前一层的所有神经元,即所谓的全连接方法。它被用作 CNN 分类器。它遵循传统多层感知器神经网络的基本方法,是一种前馈神经网络。FC 层的输入来自最后一个池化层或卷积层。该输入以向量的形式存在,该向量是由特征映射在平坦化后创建的。FC 层的输出表示最终的 CNN 输出。全连接层的优势是不受维度影响,对任何大小的输入,都是以端到端或者像素级方式对结果进行预测。本书用到的分类任务多采用全连接层。

深度卷积神经网络模型大致分为四类:①经典深度卷积神经网络模型;②轻量型深度卷积神经网络模型;③基于注意力机制的深度卷积神经网络模型;④基于神经架构的深度卷积神经网络模型。经典 CNN 只是单单通过增加网络深度的方式提高网络性能;轻量型 CNN 对网络结构进行改进,降低网络参数,减小计算量,同时不失模型性能;基于注意力机制 CNN 是采用增强感兴趣的区域,减弱不相关区域的模式改进模型性能;基于神经架构 CNN 结构依靠人工智能模式设计模型结构,其性能更加高效,是未来的发展方向。

深度 CNN 的历史始于 LeNet 的出现,该模型由 3 个卷积层、2 个池化层和 2 个全连接层构成,其仅限于手写数字识别任务,不能扩展到所有图像类别。在 CNN 的深度架构中,AlexNet 非常受推崇,该模型由 5 层卷积核 3 层全连接构成,其通过增加 CNN 的深度和实施多种参数优化策略来提高 CNN 的学习能力。ResNet 与之前的网络相比,目标是设计一个不存在消失梯度问题的超深度网络,其最常见的类型是 ResNet50,它包括 49 个卷积层加上一个全连接层。DenseNet 通过密集的残差跳跃提高了对图像分类的能力,将残差跳跃连接的思想发挥到极致。

基于注意力机制的深度卷积神经网络模型的主要目的是将注意力纳入 CNN 网络学习对象的感知特征。注意力模块分为两个分支,即掩码分支和主干分支。这些分支分别采用自上而下和自下而上的学习策略。Wang 等通过多个注意力模块与残差网络结合构建了基于注意力机制的深度卷积模型,该模型的注意力模块采用掩码分支自下而上的前向传播形式。Hu 等提出了挤压激励模块(squeeze-and-excitation block,SE block),其注意力主要放在通道特征上,目的是增强有用通道特征,减弱无用通道特征,该模型在复杂度和计算量上稍微增加,但性能却提高很多。

(6)损失函数

前面介绍了 CNN 架构的各种层类型。此外,最后的分类从输出层开始,它代表了 CNN 架构的最后一层。在输出层使用一些损失函数来计算 CNN 模型中跨训练样本产生的预测误差。这个误差揭示了实际输出和预测输出之间的差异。接下来,通过 CNN 学习过程对其进行优化。

然而,损失函数使用两个参数来计算误差。CNN 估计的输出(称为预测)是第一个参数。实际输出(称为标签)是第二个参数。在不同类型的问题中使用了几种类型的损失函数。下面简要地解释了一些损失函数类型。

①交叉熵或者 Softmax 损失函数

该函数通常用于衡量 CNN 模型的性能。它也被称为对数损失函数。它的输出是概率 $p \in \{0,1\}$。此外,在多类分类问题中,它通常被用作平方误差损失函数的替代。在输出层,它使用 Softmax 激活来生成概率分布内的输出。输出类概率的数学表示为

$$P_i = \frac{e^{a_i}}{\sum_{k=1}^{N} e^{a_k}} \tag{2-5}$$

式中,$e^{a_i}$ 表示前一层的非归一化输出;$N$ 表示输出层的神经元个数。最后,交叉熵损失函数的数学表示为

$$H(p,y) = -\sum_{i=1}^{N} y_i \log(p_i) \tag{2-6}$$

式中,$p_i$ 为预测输出;$y_i$ 为期望输出。

②欧几里得损失函数

该函数广泛用于回归问题。此外,还有所谓的均方误差。估计欧几里得损失的数学表达式为

$$H(p,y) = \frac{1}{2N} \sum_{i=1}^{N} (p_i - y_i)^2 \tag{2-7}$$

③铰链损失函数

该函数通常用于与二值分类相关的问题。这个问题涉及基于最大边际的分类;这对于使用铰链损失函数的支持向量机来说非常重要,其中优化器试图最大化双目标类周围的裕度。其数学公式为

$$H(p,y) = \sum_{i=1}^{N} \max[0, m - (2y_i - 1)p_i] \tag{2-8}$$

式中,边距 $m$ 通常设置为1。

(7)学习过程

学习过程中包含两个主要问题:第一个问题是学习算法的选择(优化器),第二个问题

是使用许多增强功能(如 AdaDelta、Adagrad 和 momentum)以及学习算法来增强输出。

损失函数建立在许多可学习的参数(例如偏差、权重等)或最小化误差(实际和预测输出之间的变化)上,是所有监督学习算法的核心。对于 CNN 网络,基于梯度的学习技术表现为通常的选择。网络参数在所有的训练时段都要不断更新,同时网络也要在所有的训练时段寻找局部最优的答案,以使误差最小化。

学习率定义为参数更新的步长。训练历元表示参数更新的完整重复,其中一次包含完整的训练数据集。注意,它需要明智地选择学习率,才会不影响学习过程,尽管它是一个超参数。

梯度下降或基于梯度的学习算法:为了使训练误差最小化,该算法在每个训练历元中重复更新网络参数。更具体地说,为了正确更新参数,它需要通过对网络参数应用一阶导数来计算目标函数梯度(斜率)。接下来,在梯度的相反方向更新参数以减小误差。参数更新过程通过网络反向传播进行,其中每个神经元的梯度反向传播到前一层的所有神经元。此操作的数学表示为

$$w_{i,j}^t = w_{i,j}^{t-1} - \Delta w_{i,j}^t, w_{i,j}^t = \varepsilon * \frac{\partial E}{\partial w_{i,j}} \tag{2-9}$$

当前训练周期的最终权值用 $w_{i,j}^t$ 表示,前 $(t-1)$ 训练周期的权值用 $w_{i,j}^{t-1}$ 表示。学习速率为 $\varepsilon$,预测误差为 $E$。基于梯度的学习算法有不同的备选方案,并被广泛使用,这包括以下内容。

①批处理梯度下降(batch gradient descent,BGD):在执行该操作期间,考虑到通过网络的所有训练数据集,网络参数的更新仅落后一次。更深入地说,它计算整个训练集的梯度,然后使用这个梯度来更新参数。对于小型数据集,CNN 模型收敛得更快,并使用 BGD 创建了一个超稳定的梯度。

由于每个训练时期参数只改变一次,因此需要大量的资源。相比之下,对于大型训练数据集时间才能收敛,并且它可以收敛到局部最优(对于非凸实例)。

②随机梯度下降(stochastic gradient descent,SGD):该技术在每个训练样本上更新参数。最好在训练前对每个 epoch 的训练样本进行任意采样。对于大型训练数据集,该技术不仅内存效率更高,而且比 BGD 快得多。然而,由于它是频繁更新的,它在答案的获取方向上采取了非常复杂的步骤,这反过来又导致收敛行为变得高度不稳定。

③小批量梯度下降(mini-batch gradient descent,MGD):在这种方法中,训练样本被分成几个小批次,其中每个小批次都可以被认为是一个小批量的样本集合,它们之间没有重叠。接下来,对每个小批执行梯度计算后的参数更新。这种方法的优点是结合了 BGD 和 SGD 技术的优点。因此,它具有稳定的收敛性、更高的计算效率和额外的内存效率。下面介绍了基于梯度的学习算法(通常在 SGD 中)中的几种增强技术,它们进一步有力地增强了 CNN 的训练过程。

④动量:对于神经网络,这种技术被用于目标函数。它通过将前一个训练步骤计算的梯度求和来提高准确性和训练速度,它通过将前一个训练步骤计算的梯度求和(通过一个因子加权,称为动量因子)来提高准确性和训练速度。然而,它因此可能会陷入局部最小值

而不是全局最小值的误区。这是基于梯度的学习算法的主要缺点。如果问题没有凸面(或解空间),这类问题经常发生。

与学习算法一起,使用动量来解决这个问题,其数学表达式为

$$\Delta w_{i,j}^t = \varepsilon * \frac{\partial E}{\partial w_{i,j}} + (\theta * \Delta w_{i,j}^{t-1}) \qquad (2-10)$$

当前第 $t$ 训练周期的权值增量记为 $t'$, $\varepsilon$ 为学习率,前$(t-1)$训练周期的权值增量记为$(t-1)'$。动量因子的值保持在 0~1;反过来,权值更新的步长沿着最小值的方向增加,以使误差最小化。当动量因子的值非常低时,模型失去了避免局部最小值的能力。相反,动量因子值越高,模型收敛速度越快。如果将动量因子的高值与 LR 一起使用,则模型可能会越过它而错过全局最小值。

然而,当梯度在整个训练过程中不断改变其方向时,那么动量因子(即超参数)的合适值会对权重更新变化进行平滑。

⑤自适应矩估计(adaptive moment estimation,Adam):这是另一种广泛使用的优化技术或学习算法。Adam 代表了深度优化的最近趋势。这是由 Hessian 矩阵表示的,它采用了一个二阶导数。Adam 是一种专门为训练深度神经网络而设计的学习策略。更高的内存效率和更低的计算能力是 Adam 的两个优势。Adam 的机制是计算模型中每个参数的自适应 LR。它集成了动量和 RMSprop 的优点。它利用梯度的平方来将学习率缩放为 RMSprop,并且通过使用梯度的移动平均来类似于动量。Adam 数学表达式为

$$w_{i,j}^t = w_{i,j}^{t-1} - \frac{\varepsilon}{\sqrt{E[\hat{\delta}^2]^t} + \in} * E[\hat{\delta}^2]^t \qquad (2-11)$$

## 2.1.4 循环卷积神经网络算法

在计算机视觉领域,除了经典 CNN 外,还有循环卷积神经网络、图卷积神经网络也经常用到。CNN 的缺点是关注局部特征,但是如果其类型之间关联性强,那么 CNN 的视野就会受限,因此学者们设计了循环神经网络(recurrent neural network,RNN),其通过添加反馈单元的方法解决了这一问题。RNN 将当前位置的状态反馈给模型,为下一步位置提供决策信息,RNN 主要应用于序列数据的分析学习,其对于序列数据的长度有很强的包容性,RNN 在许多领域的应用中取得了巨大的成功,例如语音识别、手写识别、生物识别及树种分类,但是在遇到长距离的依赖问题时却失去作用,因此长短时记忆神经网络(LSTM)被提出(图2-8),该模型能够缓解 RNN 梯度消失和梯度爆炸的问题,对于较长序列的数据很有效果,比如高/多光谱数据的图像分类。LSTM 可以采用循环模式,能够调节信息传输,解决 RNN 的短时依赖的问题,而且这种模式无须增加计算量,而是运用良好的网络结构设计。LSTM 思想的衍生品很多,例如门控制单元、残差 LSTM、双向 LSTM(Bi-LSTM)。虽然 LSTM 在 RNN 中获得了很大成功,但是仍可以进行优化,一些学者把注意力放到 LSTM 中来,将重点放在长期依赖的数据中的有用信息上,减弱其他无效信息的学习,提高了网络的性能。

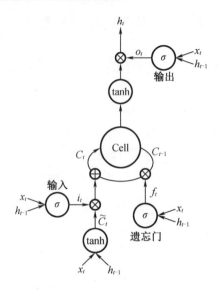

图2-8 长短时记忆神经网络图

## 2.1.5 半监督的图卷积神经网络算法

Scarselli 等提出了图神经网络(graph neural network, GNN),该模型能够处理图域中的数据,解决了非欧氏空间结构的数据难以学习的问题。GNN 能很好地处理图像或者视频数据,因为这类数据是由排列成整齐矩阵般的像素点构成的,即按欧氏空间排列的,如图 2-9 所示。

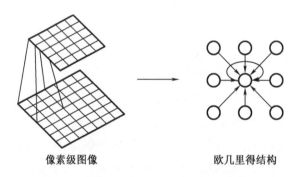

像素级图像　　　　　　　　欧几里得结构

图2-9 图像数据中像素之间按欧氏空间排列

在图卷积网络中的图泛指数学中用顶点和边建立相应联系的拓扑图,如图2-10 所示。由于 CNN 无法处理非欧氏空间结构的数据平移不变性问题,对于拓扑图中的每个顶点,其相邻顶点的数目即邻居数目都可能不同,所以无法使用相同尺寸的卷积核进行卷积计算,但在遥感数据像素关系中又存在非欧氏空间拓扑图的空间特征提取的需求,所以 GNN 成为研究非欧氏空间问题的关键。

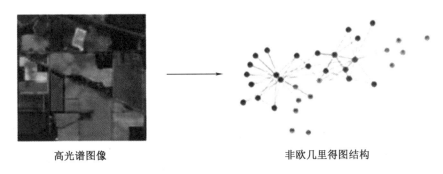

高光谱图像                   非欧几里得图结构

**图 2-10 高光谱数据的非欧氏空间分布**

GCN 实现拓扑图的空间特征提取,目前提出的构造 GCN 的主流方法一般分为空域卷积(spatial domain convolution)和谱图卷积(spectral domain convolution)两种方法。空域卷积方法是以图中顶点的拓扑域作为基本单位,提取目标顶点的拓扑邻域上的空间特征。谱图卷积借助于图的拉普拉斯矩阵(Laplacian matrix)的特征值和特征向量来研究图的性质。对于图 $G=(V,E)$,其拉普拉斯矩阵定义为 $L=D-A$,其中 $L$ 为拉普拉斯矩阵,$D$ 是顶点的度矩阵,为对角阵,对角线上的元素依次为各个顶点的度,$A$ 是图的邻接矩阵(adjacency matrix),通过定义 GCN 的前向传播计算目标顶点的高阶信息。

## 2.1.6 自监督神经网络算法

自监督学习是无监督学习的一种形式,通过使用部分输入的监督信号,更好地学习输入表示,利用数据中的底层结构预测输入中未观察到或隐藏的部分。因为样本没有外部信号或标签来指导学习过程,所以会使用更多的反馈信号。图 2-11 展示了自监督学习的简易模型,其中学习部分是 ConvNet 通过挖掘输入数据各部分之间的关系,从旋转的输入图像生成伪标签。

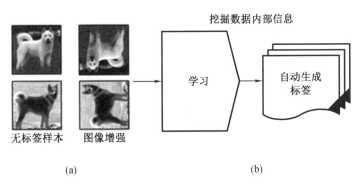

挖掘数据内部信息

学习 → 自动生成标签

无标签样本   图像增强

(a)                       (b)

**图 2-11 简易自监督学习模型**

自监督学习的主要目标是:(1)部署最先进的深度学习模型,性能与监督对等匹配,而不依赖于大批量的标记数据集;(2)从未标记的数据中学习一般化的、有意义的语义表示;(3)通过将监督预训练替换为自监督预训练,利用大量免费可用的数据;(4)学会人类所拥有的更实用的学习方法。

自监督学习分为三种方式:(1)生成式;(2)预测式;(3)对比式(图2-12)。生成式自监督学习通过重构或生成输入数据来进行学习,分为自编码(Autoencoder,AE)和对抗网络(Generative Adversarial Networks,GAN)。预测式自监督学习基于自动生成的标签进行学习,根据语境属性代理任务分为空间语境、光谱语境、时间语境和其他语义语境。对比式自监督学习细分为负值样本、聚类、知识蒸馏和冗余减少等方式。

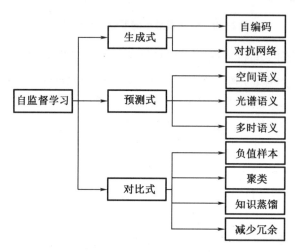

图 2-12　自监督学习的分类

## 2.1.7　深度信念网络算法

深度信念网络(deep belief network,DBN)是深度学习中的一种算法。深度神经网络(DNN)表面上类似于简单的神经网络。它包含"神经元"的输入层和输出层,由许多隐藏单元层分隔。然而,这些网络的训练方式存在差异。具体来说,DNN使用无监督学习技术来调整隐藏层之间的权重,使网络能够识别输入的最佳内部表示(特征)。深度神经网络的这一特性使得对网络输入和输出之间复杂的非线性关系进行灵活的高阶建模成为可能。深度神经网络在学习特征和分类方面的有效性已被证明适用于不同的模式识别应用,包括语音、视觉和自然语言处理。这些结果促进了使用深度学习技术的自动模式识别研究的新趋势,尽管许多领域缺乏足够的研究量,但这将是做出任何结论性声明所必需的。尽管取得了一些突破,但为深度神经网络找到合适的训练方法一直是一个重大挑战。

深度神经网络有许多隐藏层,其中有大量需要训练的参数。训练DNN有两个步骤。第一步是随机初始化特征检测层。应该考虑一系列生成模型,包括一个可见输入层和一个隐藏层,来初始化DNN中的权重。这些生成模型的训练不考虑判别信息。第二步是使用标准反向传播算法对整个DNN进行判别训练。研究表明,当深度神经网络超过两层时,标准的基于梯度的网络权值随机初始化方法表现不佳。随着具有许多隐藏层的深度神经网络的计算复杂度和大空间参数的增加,会导致训练速度降低。除了训练速度较慢外,另一个问题是陷入局部最小值,在大多数情况下,这不会产生期望的结果。另一方面,机器学习文献提出了半监督算法,其中使用无监督预训练过程作为有效的正则器来呈现更有效的深度学习架构。在这种方法中,无监督预训练以一种方式初始化参数,使得优化过程以较低的代价函数最小值结束。首先提出的预训练方法是DBN。其他预训练方法如受限玻尔兹曼机(restricted boltzmann machine,RBM)和深度玻尔兹曼机(deep Boltzmann machines,DBM)也被提出。RBM可以作为DNN的核心组成部分。DBM是一种随机神经网络,用最简单的术语来说,它没有离散的"层",每个神经元与其他神经元双向连接。RBM将这种结构转变为更传统的形式。它包含一个专用的输入和输出层,具有单向连接,同一层的神经元之间没有连接。这样一个系统的模型如图2-13所示。

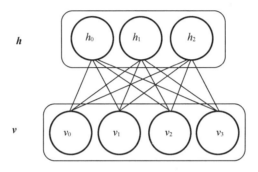

图2-13 **RBM:一种无向图形模型,包括一层隐藏单元($h$)和一层可见单元($v$)**

输入和输出层之间的这种关系使得网络的训练速度更快。RBM的另一个优点是,它可以很容易地扩展,允许一个RBM的神经元输出层作为另一个RBM的输入层。以这种方式将多个RBM级联,生成一个具有多个隐藏层的神经网络,通常称为DBN,如图2-14所示。虽然这表面上类似于多层前馈神经网络,但它在网络的训练方式上有所不同。具体而言,每次将每个RBM添加到网络中一层,并以无监督的方式进行训练,然后将监督学习和反向传播应用于整个网络。在这种方法中,DBN既能够自选择相关特征进行分析,又不受仅利用反向传播来修改其多层之间权重的网络的不切实际的长收敛时间的影响。在这种情况下,通常采用的无监督学习方法是对比发散算法。

RBM的一般形式是一对可见和隐藏向量($v$,$h$)的能量函数,其权重矩阵$W$与$v$和$h$之间的联系有关,如下:

$$E(v,h) = -a^T v - b^T h - v^T W h \qquad (2-12)$$

其中,$a$和$b$分别为可见单元和隐藏单元的偏置权重。$v$和$h$的概率分布用$E$表示:

$$P(v,h) = \frac{1}{Z} e^{-E(v,h)} \qquad (2-13)$$

其中,$Z$是一个正则化常数,定义为

$$Z = \sum_{v',h'} e^{-E(v',h')} \qquad (2-14)$$

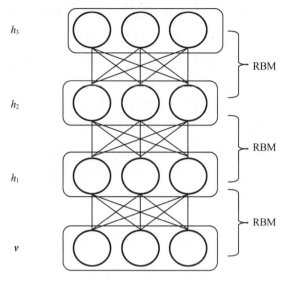

**图 2-14　DBN**

更进一步,向量 $\boldsymbol{v}$ 的概率等于上述等式对隐藏单元的和:

$$P(\boldsymbol{v}) = \frac{1}{Z} \sum_{\boldsymbol{h}} e^{-E(\boldsymbol{v},\boldsymbol{h})} \tag{2-15}$$

训练数据对 $\boldsymbol{W}$ 的对数似然微分计算如下:

$$\sum_{n=1}^{N} \frac{\partial \log P(\boldsymbol{v}^n)}{\partial \boldsymbol{W}_{ij}} = <v_i\boldsymbol{h}_j>_d - <v_i\boldsymbol{h}_j>_m \tag{2-16}$$

其中, $<v_i\boldsymbol{h}_j>_d$ 和 $<v_i\boldsymbol{h}_j>_m$ 表示数据或模型分布中的期望值。基于对数似然的训练数据中权值的学习规则为

$$\Delta \boldsymbol{W}_{ij} = \varepsilon(<v_i\boldsymbol{h}_j>_d - <v_i\boldsymbol{h}_j>_m) \tag{2-17}$$

其中, $\varepsilon$ 为学习率。由于隐藏层和可见层的神经元之间没有联系,因此可以从 $<v_i\boldsymbol{h}_j>_d$ 中获得无偏样本。此外,在给定可见单元或隐藏单元时,隐藏单元或可见单元的激活是条件独立的。例如,给定 $\boldsymbol{v}$ 时, $\boldsymbol{h}$ 的条件性质定义为

$$P(\boldsymbol{h}|\boldsymbol{v}) = \prod_j P(\boldsymbol{h}_j|\boldsymbol{v}) \tag{2-18}$$

其中, $\boldsymbol{h}_j \in \{0,1\}$ , $\boldsymbol{h}_j = 1$ 的概率为

$$P(\boldsymbol{h}_j = 1|\boldsymbol{v}) = \sigma\left(b_j + \sum_i v_i\boldsymbol{W}_{ij}\right) \tag{2-19}$$

其中, $\sigma$ 为逻辑函数,定义为

$$\sigma(x) = (1 + e^{-x})^{-1} \tag{2-20}$$

同理, $v_i = 1$ 的条件概率计算为

$$P(\boldsymbol{v}_j = 1|\boldsymbol{v}) = \sigma\left(a_i + \sum_j \boldsymbol{h}_j\boldsymbol{W}_{ij}\right) \tag{2-21}$$

一般来说,从 $<v_i\,\boldsymbol{h}_j>$ 中进行无偏采样并不直接,但首先从隐藏单元中采样重建可见单元,然后在多次迭代中使用 Gibbs 采样,就可以适用。通过应用 Gibbs 抽样,所有隐藏单元

使用公式(2-19)并行更新,随后,使用公式(2-21)更新可见单元。最后,通过计算隐藏和可见单元的更新值相乘的期望值,可以从$<v_i h_j>$中获得适当的采样。公式(2-20)和公式(2-21)允许使用RBM权值初始化具有Sigmoid隐藏单元的前馈神经网络。

## 2.1.8　深度学习算法的挑战性

在使用深度学习算法时,经常要考虑到几个困难。下面列出了更具挑战性的问题,并相应地提供了几种可能的替代方案。

### 1. 数据训练

深度学习非常需要数据,因为它还涉及表征学习。深度学习需要大量的数据来获得良好的性能模型,即随着数据的增加,可以获得一个更良好的性能模型。在大多数情况下,可用的数据足以获得良好的性能模型。然而,有时直接使用深度学习的数据不足。为了正确地解决这个问题,有三种建议的方法可用。第一个涉及从类似任务中收集数据后使用迁移学习概念。请注意,虽然传输的数据不会直接增加实际数据,但它有助于增强数据的原始输入表示及其映射功能,这样可以提高模型的性能。另一种技术涉及使用来自类似任务的训练有素的模型,并根据有限的原始数据对两层甚至一层的结尾进行微调。在第二种方法中,进行数据增强。这个任务对于增强图像数据非常有帮助,因为图像转换、镜像和旋转通常不会改变图像标签。在第三种方法中,可以考虑模拟数据来增加训练集的体积。如果问题得到很好的理解,偶尔可以基于物理过程创建模拟器。因此,结果将涉及尽可能多的数据的模拟。数据增强方法有如下几种。

(1)镜像

镜像又可以分为水平镜像和垂直镜像两种,水平镜像即将图像左半部分和右半部分以图像竖直中轴线为中心轴进行转换,而竖直镜像则是将图像上半部分和下半部分以图像水平中轴线为中心轴进行转换。

(2)颜色通道处理

数字图像数据通常使用一个维度张量(高度×宽度×颜色通道)。在通道的颜色空间中完成增强是一种替代技术,它非常容易实现。一个非常简单的颜色增强包括分离特定颜色的通道,如红色、绿色或蓝色。一种使用单色通道快速转换图像的简单方法是分离该矩阵并从剩余的两个颜色通道中插入额外的双零。此外,增加或减少图像的亮度是通过使用简单的矩阵操作,以方便地操作RGB值。通过导出描述图像的颜色直方图,可以获得额外的改进的颜色增强。通过调整直方图中的强度值也可以改变照明,类似于在照片编辑应用程序中使用的照明。

(3)裁剪

裁剪每张图像的优势块是一种将高度和宽度相结合的尺寸作为图像数据的特定处理步骤的技术。此外,可以采用随机裁剪来产生类似翻译的影响。平移和随机裁剪之间的区别在于平移保留了图像的空间维度,而随机裁剪减少了输入尺寸。根据选择的裁剪还原阈值,可能不会处理标签保持变换。

（4）旋转

当图像绕轴在 0°~360° 向左或向右旋转时，获得旋转增强。旋转度参数在很大程度上决定了旋转增强的适用性。在数字识别任务中，小的旋转非常有用。相反，当旋转度增加时，变换后的数据标签不能保留。

（5）转换

为了避免图像数据中的位置偏差，一个非常有用的转换是将图像向上、向下、向左或向右移动。例如，整个数据集图像居中是很常见的；此外，测试集应完全由居中图像组成，以测试模型。请注意，当在特定方向上平移初始图像时，残差空间应该用高斯噪声或随机噪声填充，或者用 255 s 或 0 s 等恒定值填充。使用这种填充保留图像后增强的空间尺寸。

（6）噪声

这种方法涉及注入一个任意值的矩阵。这样的矩阵通常是由高斯分布得到的。然而，训练数据中位置偏差的高度良好的解决方案是通过几何变换实现的。为了将测试数据的分布与训练数据分开，存在几个潜在的偏置来源。例如，当所有的脸都应该完全处于帧的中心时（如面部识别数据集），位置偏差的问题就出现了。

因此，几何平移是最好的解决方案。几何平移是有帮助的，因为它们实现简单，以及它们能有效地消除位置偏差。有几个可用的图像处理库，可以从简单的操作开始，如旋转或水平翻转。额外的训练时间、较高的计算成本和额外的内存是几何变换的一些缺点。此外，应该手动观察许多几何变换（如任意裁剪或平移），以确保它们不会改变图像标签。最后，将测试数据与训练数据分开的偏差比过渡和位置变化更复杂。因此，何时何地适合应用几何变换并不是一个简单的问题。

2. 数据平衡

当使用不平衡数据训练 DL 模型时，可能会产生不期望的结果。以下技术可用于解决此问题。首先，有必要采用正确的标准来评估损失以及预测结果。考虑到数据的不平衡，模型应该在小类和大类上表现良好。其次，它应该使用加权交叉熵损失，这确保了模型在小类情况下仍然倾向于使用交叉熵损失。同时，在模型训练过程中，可以对大类进行下采样，也可以对小类进行上采样。最后，可以为每个层次构建模型。

3. 数据解译

有时，深度学习技术被分析为一个黑匣子。事实上，它们是可以解释的。需要一种解释深度学习的方法，用于获得网络识别的有价值的基序和模式，这在许多领域都很常见。在分类任务中，不仅需要知道训练好的深度学习模型的预测结果，还需要知道如何增强预测结果的准确性，因为模型是基于这些验证来做出决策的。使用基于反向传播的技术或基于微调的方法。在基于扰动的方法中，一部分输入被改变，这种变化对模型输出的影响被观察到。这个概念有很高的计算复杂度，但很容易理解。另一方面，为了检查各个输入部分的重要性得分，在基于反向传播的技术中，来自输出的信号传播回输入层。这些技术在实际应用中被证明是有价值的。在不同的场景中，不同的含义可以表示模型的可解释性。

4. 尺度不确定性

通常，当使用深度学习技术来实现预测时，最终的预测标签并不是唯一需要的标签；还需要模型的每个查询的置信度得分。置信度得分定义为模型对其预测的置信度。由于置信度得分可以防止人们相信不可靠和误导性的预测,因此无论应用场景如何,它都是一个重要的属性。

5. 长时间遗忘

长时间遗忘被定义为将新信息合并到普通的深度学习模型中,通过干扰所学的信息来实现。例如,考虑一个有 1 000 种花的情况,训练一个模型对这些花进行分类,然后引入一种新的花;如果模型只使用这个新类进行微调,那么它的性能将在旧类中变得不成功。逻辑数据被不断地收集和更新,这实际上是许多领域的一个非常典型的场景,包括遥感。为了解决这个问题,有一个直接的解决方案,包括使用新旧数据从头开始训练一个全新的模型。这种解决方案耗时且计算量大;此外,它会导致初始数据的学习表示处于不稳定状态。此时,有三种不同类型的 ML 技术可用于解决基于神经生理学理论的人脑问题。第一类技术基于正则化;第二类技术采用预演训练技术和动态神经网络架构;第三类技术建立在双记忆学习系统的基础上。

6. 模型压缩

为了获得训练良好且有效使用的模型,深度学习模型由于其巨大的复杂性和大量的参数而具有大量的内存与计算需求。数据密集是遥感科学领域的特征之一。这些需求减少了在有限的计算能力的机器上部署深度学习,主要是遥感领域。地物分类和数据异质性的众多方法变得更加复杂,规模也大得多。因此,这个问题需要额外的计算。此外,新的基于硬件的并行处理解决方案用来解决深度学习相关的计算问题。最近,许多压缩深度学习模型的技术也被引入,旨在从一开始就减少模型的计算问题。这些技术可以分为四类。在第一类中,冗余参数(对模型性能没有显著影响)被减少。这类包括著名的深度压缩方法,称为参数修剪。在第二类中,较大的模型使用其提炼的知识来训练更紧凑的模型,因此,称之为知识蒸馏。在第三类中,使用紧凑卷积滤波器来减少参数的数量。在最后一类中,使用低秩分解对信息参数进行估计以保存。对于模型压缩,这些类代表了最具代表性的技术。

7. 过度拟合

由于涉及的参数数量庞大,且相关方式复杂,深度学习模型在训练阶段导致数据过拟合的可能性过高。这种情况降低了模型在测试数据上获得良好性能的能力。这个问题不仅局限于一个特定的领域,而且涉及不同的任务。因此,在提出深度学习技术时,应该充分考虑并准确处理这个问题。在深度学习中,正如最近的研究表明的那样,训练过程的隐含偏差使模型能够克服关键的过拟合问题。即便如此,仍然有必要开发处理过拟合问题的技术。对现有的缓解过拟合问题的深度学习算法的研究可以将它们分为三类。第一类同时作用于模型架构和模型参数,包括最熟悉的方法,如权重衰减、批处理归一化和 dropout。在深度学习中,默认技术是权重衰减,它作为通用正则化工具广泛用于几乎所有机器学习算法中。第二类用于模型输入,如数据损坏和数据增强。过拟合问题的一个原因是缺乏训练数据,这使得学习到的分布不能反映真实分布。数据增强扩充了训练数据。相反,边缘数据损坏改进了不需要增加数据的解决方案。最近提出的一种技术对正则化模型的过度自信输出进行惩罚。该技术已经证明了正则化 RNN 和 CNN 的能力。

### 8. 梯度消失

一般来说,当将反向传播和基于梯度的学习技术与人工神经网络一起使用时,主要在训练阶段,会出现一个梯度消失问题。更具体地说,在每次训练迭代中,神经网络的所有权值都是基于当前周期更新的,并且与误差函数的偏导数成比例。然而,在某些情况下,由于梯度很小,这种权重更新可能不会发生,这在最坏的情况下意味着不可能进行额外的训练,神经网络将完全停止。相反,与其他激活函数类似,sigmoid 函数将一个大的输入空间缩小到一个小的输入空间。因此,Sigmoid 函数的导数会很小,因为在输入处的大变化会在输出处产生小变化。在浅层网络中,只有一些层使用这些激活,这不是一个重大问题。而在训练阶段,使用更多的层会导致梯度变得非常小,在这种情况下,网络的工作效率很高。利用反向传播技术确定神经网络的梯度。最初,该技术确定了每层在相反方向上的网络导数,从最后一层开始,然后返回到第一层。下一步是用与第一步类似的方式将网络中每一层的导数相乘。例如,当有 $N$ 个隐藏层时,将 $N$ 个小导数相乘使用一个激活函数,如 sigmoid 函数。因此,当传播回第一层时,梯度呈指数下降。更具体地说,由于梯度较小,在训练阶段无法有效地更新第一层的偏差和权重。此外,这种情况降低了整个网络的准确性,因为这些第一层对于识别输入数据的基本元素通常是至关重要的。但是,可以通过使用激活函数来避免这样的问题。这些函数缺乏压缩特性,即不能将输入空间压缩到一个小空间内。一种方案是通过将输入 X 映射到 Max 中,其中,Relu 函数因其简单无须导数计算而被广泛应用。另一种方案是规范化处理。如前所述,一旦一个大的输入空间被压缩到一个小的空间,这个问题就会出现,导致导数消失。使用批处理归一化通过简单地规范化输入来降低这个问题,即表达式 $|x|$ 不能完成 sigmoid 函数的外部边界。归一化过程使它的最大部分落在绿色区域,这确保了导数足够大,可以进行进一步的操作。此外,更快的硬件可以解决之前的问题。与识别梯度消失问题所需的时间相比,这使得网络的许多更深层的标准反向传播成为可能。

### 9. 梯度爆炸

与梯度消失相反的问题是梯度爆炸。具体来说,在反向传播过程中积累了很大的误差梯度。后者将导致网络权重的极大更新,这意味着系统变得不稳定。因此,模型将失去有效学习的能力。在反向传播过程中,梯度在网络中向后移动,通过重复乘以梯度,梯度呈指数增长。因此,权重值可能变得非常大,并可能溢出成为非数字(NaN)值。一些可能的解决方案包括:第一种是使用不同的权值正则化技术;第二种是重新设计网络模型的架构。

### 10. 不规范性

包括深度学习模型在内的机器学习模型在计算机视觉、自然语言处理和遥感学等实际应用中进行测试时,往往表现不尽如人意。弱性能背后的原因是规格不足。已经证明,小的修改可以迫使模型走向完全不同的解决方案,并导致部署域中的不同预测。有不同的技术可以解决规格不足的问题。其中之一是设计"压力测试",以检查模型在实际数据上的工作效果,并找出可能存在的问题。然而,这需要对模型可能不准确的工作过程有可靠的理解。那么设计与应用需求很好匹配的压力测试,并提供对潜在故障模式的良好"覆盖"是一个主要挑战。规范不足对机器学习预测的可信度造成了很大的限制,并且可能需要对某些应用程序进行重新考虑。机器学习通过服务于医学成像和自动驾驶汽车等多个应用而与人类联系在一起,因此需要适当关注这个问题。

# 2.2 研究区域与实验数据集

## 2.2.1 研究区域概况

1. 地理位置

本研究区域位于黑龙江省大兴安岭地区塔河县域内。塔河县位于黑龙江省西北部,大兴安岭中心地区,地处北纬 52°~53°,东经 123°~125°,面积为 14 420 km²,北与俄罗斯隔黑龙江相望,以 173 km 的主航道中心线作为边界线,东邻呼玛县、十八站林业局,西部与漠河县相接,南邻新林区。塔河县各大公路、铁路纵横交错,是重要的交通枢纽,例如有加漠公路、黑漠公路、嫩林铁路等通过。

2. 行政区划

塔河县包括四个镇:塔河镇、绣峰镇、瓦拉干镇和盘古镇,以及三个乡:十八站乡、依西肯乡和开库康乡。其中,十八站乡是鄂伦春族聚居地。

3. 气候

塔河县地处北温带,属于寒温带大陆性气候,全年平均无霜期为 98 天,极端最高气温为 37.2 ℃,极端最低温度为-45.8 ℃,塔河县年平均气温为-2.4 ℃,气温最大年较差为 47.2 ℃,年平均降水量为 463.2 mm,主要集中在 7、8 月份,年日照时数为 2 015~2 865 h,10 ℃时的有效积温为 1 276~1 969 ℃。这里独特的自然景观和寒温带大陆季风气候使得夏季日照时间较长,为避暑和度假的旅游胜地。

4. 环境

塔河地区水资源也非常充沛,境内河流纵横,均属于黑龙江的水系,河流总长度为 4 654 km。此外,县内还有三处矿泉水水源地和 34 眼井。这些水源富含锶、氟、氡、偏硅酸等多种矿物质和微量元素。经过国家权威机构和部门的检测,水源的 pH 值为 7.05~7.5,与人体血液的 pH 值最为匹配。经常饮用这些水源有助于降压,有效调节人体的酸碱平衡。目前,已经探明的储备量达到 10 万 t,可供开采和利用。呼玛河流经境内为 150 km,盘古河是境内最长的一条河流,全长为 220 km。塔河地区平均海拔 450 m,最低海拔 209.8 m,最高海拔 1 396.7 m,地区内多低山丘陵,境内总体呈东低西高的地势,地形较复杂,林区植被类型多样化,主要以草甸和森林为主。

5. 经济

塔河县主要以森工采运业为核心,重点发展木材加工、农产品加工和矿产开发等领域。其凭借丰富的资源、优越的地理位置和良好的发展环境,吸引了众多木业公司、农产品加工企业和其他外地企业来塔河县进行投资建厂。此外,还有三家中央政府指定的林业企业和一家地方属地企业在该县运营。

6. 人口

根据第七次人口普查数据,截至 2020 年 11 月 1 日零时,塔河县常住人口为 51 056 人。其中,农业人口占 13.5%,即 6 893 人,非农业人口占 86.5%,即 44 163 人。该地区主要以汉族为主要民族,同时也有多个少数民族,包括满族、回族、蒙古族、朝鲜族、鄂温克族、鄂伦春族、苗族、壮族、俄罗斯族等。

7. 野生动植物

塔河地区拥有丰富多样的野生动植物,种类繁多。其中一些著名的东北特产包括党参、黄芪、蓝莓、猴头、木耳、蘑菇、鲤鱼、细鳞鱼和大马哈鱼等。该地区的水域中,鲤鱼、细鳞鱼和大马哈鱼等是著名的淡水鱼类。它们具有丰富的蛋白质和美味的肉质,是当地重要的渔业资源和美食。塔河的野生动植物资源丰富多样,不仅丰富了当地的食物和药材资源,也为该地区的生态系统提供了独特的价值。保护和合理利用这些野生动植物资源,对于维护生态平衡和促进可持续发展具有重要意义。

8. 森林

塔河环境适宜,森林植物生长茂盛,塔河林区成为中国北方的一块纯天然大氧吧,其是大兴安岭地区野生资源储量最多、分布最广之地。塔河森林资源得天独厚,境内林木茂密、树种丰富,其主要树种有白桦、落叶松、樟子松、山杨、柳木、云杉等。森林资源的储量巨大,有林业施业区面积达 $9.23×10^9 \ m^2$,森林覆盖率为 90.71%,蓄积量为 5 654 万 $m^2$。塔河县境内超过 1 000 m 海拔的山峰达到 34 座。其以海拔为 1 396.7 m 的大白山(白卡鲁山),海拔为 1 352.6 m 的扎林库尔山(方山),海拔为 1 001 m 的西罗奇山岭(鄂伦春语中的最高之意)等山脉为特色。除了丰富的森林资源外,塔河县还生长着 600 多种绿色植物。这些植物中包括笃斯越橘、红豆等天然野生浆果,兴安灵芝、黄芪等珍贵药材,以及美味可口的野生猴头菇、桦树蘑、油蘑等食用菌。该地区不仅动植物资源丰富,还保持着大兴安岭北坡原始森林的自然生态环境。该地区以其独特的地理环境和气候条件,孕育了各种珍贵的植物资源。党参和黄芪是常见的中药材,被广泛用于药物和保健品制造。蓝莓是一种富含营养的水果,具有抗氧化和抗衰老的功效。而各类蘑菇则是美味可口的野生食用菌,深受人们喜爱。

## 2.2.2 多源遥感影像数据

本研究的高光谱遥感影像数据从环境小卫星(HJ-1A)采集,多光谱数据通过 Sentinel-2 采集,HJ-1A 的 HSI 数据和 Sentinel-2A 的 MSI 数据分别来自中国资源卫星数据与应用中心和美国地质调查局(USGS)官方网站。

环境二号小卫星是中国国家航天局于 2017 年 9 月 12 日成功发射的一颗环境监测卫星。作为中国环境遥感监测系统的一部分,该卫星的目标是提供高分辨率的环境监测数据,广泛应用于环境保护、资源管理和气候变化研究等领域。环境二号小卫星搭载了微波辐射计和多光谱成像仪等先进载荷,具备精确的辐射测量和遥感观测能力。它能够获取陆地、海洋和大气等多个环境要素的信息,并监测大气污染、海洋环境、水资源、土地利用等方面的变化和特征。卫星具备较高的空间分辨率和时间分辨率,能够提供准确而全面的环境数据,为环境管理和决策制定提供科学依据。环境二号小卫星的成功发射和运行标志着中国在环境监测领域取得了重要进展。它不仅有助于深入了解地球环境的演变过程,还对于气候变化、生态保护和环境治理等方面具有重要意义。通过持续的遥感观测和数据分析,环境二号小卫星将为环境保护和可持续发展提供有力支持。

作为Sentinel-2卫星系列的开篇之作,其目标是为全球范围内的地表观测提供高分辨率的多光谱影像数据。Sentinel-2A搭载了一台名为MSI的传感器,能够以$10\sim60$ m的分辨率获取地球表面的图像。该传感器覆盖了可见光和近红外波段,共有13个波段,包括红外、短波红外和近红外等频谱范围。这些波段的数据可用于监测陆地、海洋和河流等环境变化,包括植被状况、土地利用、水质监测、自然灾害响应等。Sentinel-2A具备较短的重访时间,大约为5天,这使得它能够连续监测和变化检测。其数据在农业、森林管理、城市规划和环境监测等领域具有广泛应用。科学家、政府和决策者可以利用Sentinel-2A的数据更好地了解地球表面的动态变化,并制定相应的保护和管理策略。Sentinel-2A是Copernicus计划中一系列地球观测卫星的重要组成部分,旨在为全球提供免费且开放的遥感数据,以推动可持续发展和环境保护的进程。

本研究中HJ-1A于2008年9月成功发射,用于环境和灾害监测,配备了$450\sim950$ nm的115波段HS成像仪,表2-1和2-2为卫星详细参数。影像空间分辨率为100 m,宽度为50 km,侧摆能力为$\pm30°$,重访周期为4天。这些规格允许对研究区域进行快速和多次观察。HJ-1A HSI 2级产品包含亮度值,记录为$0\sim65\ 535$的无符号整数数据。

Sentinel-2A卫星是2015年6月发射的关于"全球环境与安全监测"方案的第二颗卫星。Sentinel-2A搭载一架多光谱成像仪,可探测从常用的可见光到短波红外不同分辨率的13个光谱波段(具体波段特征见表2-3),幅宽290 km,时间分辨率为10天。其为沿海和陆地遥感领域提供了丰富的数据信息。

表2-1 HJ-1A传感器参数

| 平台 | 有效载荷 | 波段 | 光谱范围/μm | 空间分辨率/m | 宽幅/m | 侧摆能力 | 重访周期/天 |
|---|---|---|---|---|---|---|---|
| HJ-1A | CCD相机 | 1 | $0.43\sim0.52$ | 30 | 360(单台),700(2台) | — | 4 |
| | | 2 | $0.52\sim0.60$ | 30 | | | |
| | | 3 | $0.63\sim0.69$ | 30 | | | |
| | | 4 | $0.76\sim0.90$ | 30 | | | |
| | HSI | — | $0.45\sim0.95$（110~128个波段） | 100 | 50 | $\pm30°$ | 4 |

表 2-2　轨道参数

| 项目 | 参数 |
|---|---|
| 轨道类型 | 准太阳同步圆轨道 |
| 轨道高度/km | 649.093 |
| 半长轴/km | 7 020.097 |
| 轨道倾角/(°) | 97.948 6 |
| 轨道周期/min | 97.560 5 |
| 每天运行圈数 | 14+23/31 |
| 重访周期/天 | CCD:2 天,HSI/IRS:4 天 |
| 重复周期 | 31 |
| 重复总圈数 | 457 |
| 降交点地方时 | 10:30±30 min |
| 轨道速度/(km/s) | 7.535 |
| 星下点速度/(km/s) | 6.838 |

表 2-3　Sentinel-2A 多光谱影像的波段特征

| Sentinel-2A 波段 | 波段/μm | 分辨率/m |
|---|---|---|
| 波段 1—沿海气溶胶 | 400~450 | 60 |
| 波段 2—蓝 | 460~510 | 10 |
| 波段 3—绿 | 520~590 | 10 |
| 波段 4—红 | 630~680 | 10 |
| 波段 5—植被红边 | 690~720 | 20 |
| 波段 6—植被红边 | 730~750 | 20 |
| 波段 7—植被红边 | 760~820 | 20 |
| 波段 8—近红外 | 830~860 | 10 |
| 波段 8A—植被红边 | 870~900 | 20 |
| 波段 9—水汽 | 910~1 000 | 60 |
| 波段 10—卷云 | 1 010~1 400 | 60 |
| 波段 11—短波红外 | 1 410~1 800 | 20 |
| 波段 12—短波红外 | 1 810~2 400 | 20 |

## 2.2.3　二类调查数据及预处理

在《土地利用现状分类》中,一级分类为林地和非林地,其中非林地包括耕地、道路、水体、草地、建筑物等。国家林业局二类调查的《森林资源规划设计调查主要技术规定》,将林地进行细分,按十分法确定树种组成,占有蓄积或株数 65% 以上的林分树种,称之为优势树种,本书主要基于该标准对林地的优势树种进行分类研究。根据研究区域的森林资源情况,本书的地面真值数据采用 2012 年塔河林业局的二类小班调查数据。其中,部分调查数据见表 2-4,森林区划如图 2-15 所示,图 2-15(b)为矢量数据转换的栅格图像,标签是以小班为单位标注的优势树种,由于其他树种数量相对较少,所以本书只对数量较多的落叶松、白桦、樟子松、山杨、云杉和柳木 6 个树种进行研究。本书通过标签数据对研究分类实验结果进行验证,评价提出的几种模型对优势树种的分类情况。

**表 2-4 小班调查数据属性表部分数据**

| 小班编号 | 林班编号 | 树种组成 | 面积/hm² | $X$_坐标/E° | $Y$_坐标/N° |
|---|---|---|---|---|---|
| 1 | 40 | 7 落 2 白 1 山 | 10 | 554 328.820 1 | 5 843 417.326 |
| 9 | 28 | 7 白 2 落 1 樟+山 | 66 | 555 680.649 | 5 843 078.13 |
| 8 | 29 | 5 落 3 云 1 白 | 5 | 560 073.9714 | 5 843 482.827 |
| 10 | 33 | 7 落 2 白 1 樟 | 50 | 564 699.726 | 5 843 014.366 |
| 7 | 39 | 6 落 2 白 2 樟 | 36 | 553 676.864 8 | 5 843 146.672 |
| 9 | 39 | 9 白 1 山 | 36 | 553 954.256 | 5 842 620.397 |
| 6 | 34 | 7 落 2 樟 1 白 | 26 | 562 639.229 5 | 5 843 202.563 |
| 12 | 38 | 6 落 2 樟 2 白 | 37 | 552 869.492 7 | 5 842 782.091 |
| 2 | 35 | 10 落+白 | 11 | 561 063.492 8 | 5 843 157.239 |
| 1 | 41 | 5 落 4 樟 1 白 | 21 | 551 167.003 9 | 5 843 120.552 |
| 3 | 40 | 9 白 1 落 | 18 | 554 792.249 9 | 5 843 086.49 |
| 6 | 40 | 6 樟 3 落 1 白 | 23 | 555 092.054 9 | 5 842 998.694 |
| 4 | 40 | 8 白 1 山 1 落 | 18 | 554 268.742 6 | 5 842 891.561 |
| 11 | 33 | 8 白 2 山 | 27 | 565 261.370 4 | 5 842 999.708 |
| 13 | 33 | 7 落 2 白 1 樟+云 | 20 | 564 267.315 8 | 5 842 865.108 |
| 2 | 30 | 5 樟 4 白 1 落+山 | 43 | 555 922.4979 | 5 842 864.758 |

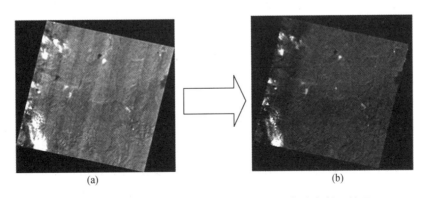

(a)                    (b)

**图 2-15 研究区域高光谱影像去条带及几何与大气校正处理**

### 2.2.4 实验数据集建立

由于研究区域过于辽阔,本书选择了典型树种较多的三个区域为研究对象,HJ-1A 高光谱数据大小为 500×500×115 像素和 Sentinel-2 多光谱数据大小为 500×500×13 像素,其中优势树种为白桦、落叶松、樟子松、山杨、云杉和柳木。表 2-5 分别列出了本书三个研究区域的 6 个树种样本数,图 2-16 为研究区域几何校正后的 Sentinel-2 遥感影像数据集区域图。以后章节的全监督实验中,训练样本随机取样约占总样本的 70%,其余为测试样本。半监督实验中测试样本和训练样本数量后面章节会具体说明。

表 2-5　三个研究区域的树种数据集样本表(单位:像素)

| 数据集 | 落叶松 | 白桦 | 樟子松 | 山杨 | 云杉 | 柳木 |
| --- | --- | --- | --- | --- | --- | --- |
| 1 | 130 124 | 39 216 | 57 620 | 15 330 | 3 019 | 3 492 |
| 2 | 150 771 | 58 829 | 11 412 | 17 048 | 2 175 | 1 067 |
| 3 | 99 082 | 82 746 | 38 114 | 13 460 | 1 013 | 5 486 |

图 2-16　研究区域几何校正后的 Sentinel-2 遥感影像数据集区域图

## 2.3　多源遥感影像预处理

对于采集的 HJ-1A 的 HSI 数据,因为地面物体的辐射亮度值很低,因此最终产品使用 ENVI 5.1 (Exelis Visual Information Solutions, Boulder, Colorado)波段数学模块乘以 100。数据显示出大量条纹,严重影响影像质量。然后采用"全局条带化"方法移除条带。影像的高光谱分辨率导致了相当大的大气折射,因此也对光谱数据进行了大气校正。此外,地形起伏度、地球曲率等因素对数据也有影响。Sentinel-2 卫星遥感数据的像元与地物地理位置进行粗糙几何校正和精细校正。

为了弥补 HSI 相对 LR 的差距,本书采用双线性插值方法提高 HJ-1A/HSI 影像的分辨率,利用 ENVI 5.1 软件将 HJ-1A/HSI 影像的空间分辨率提高到 10 m。实验 HSI 数据通过插值算法重新采样使其空间分辨率升为 10 m,与同一地物上的 MSI 空间分辨率一致。

## 2.3.1 高光谱与多光谱影像降维

在对遥感数据进行树种分类的过程中,当特征维度增加到一定程度时,分类器性能可能会下降,产生所谓的"休斯现象"或者"休斯效应"。数据特征的数量与分类精度成反比是不能被接受的,因此降维技术被学者们提出。在不失分类性能的前提下,人们通常通过降低数据特征维度来减小计算量。

根据样本的标签程度,降维算法可以分为监督、半监督和无监督三种方式。监督和半监督方式对于标签依赖性较强,降维的效果受标签影响较大,因此,无监督降维在分类任务中比较常用,其原理是把高维空间数据通过变换映射到低维度空间中。那么数据变换就变得至关重要,其可分为线性和非线性变换两种方式。非线性变换应用较少,线性变换中常用的方法是主成分分析(PCA)、离散余弦变换(DCT)和独立成分分析(ICA)。

在多源树种分类实验中,本书使用了 IPD 方法进行光谱降维。该方法通过联合主成分分析和离散余弦变换的方式对 3 个高光谱数据集 HSI(1,2,3)进行有效降维的同时,又保留了大量的信息用于树种分类任务,结构如图 2-17 所示。IPD 算法首先将原始数据立方体分成两个小的光谱立方体。第一个光谱立方体(PCA 立方体)是基于 PCA 降维产生,其包含最顶端的主成分信息。第二个光谱立方体(PDCT 立方体)先进行 DCT 操作,将其尽量限制在低频区域,然后再进行 PCA 降维,使其与 PCA 立方体的主成分维度一致。然后将两个光谱立方体融合,再通过 ICA 算法将其分离。在最后的预处理步骤中,考虑到高光谱图像中相邻像素高度相关且具有相同的类别,于是将 ICA 执行的数据立方体进行分割,成为具有标记的中心像素和固定大小的相邻像素的小正方形块。这些小正方形块被输入本书的树种分类模型中,它可以有效地自动提取合适的数据特征。采用该方式可将 MSI 13 个波段降维至 12 个,其中,$L=500,W=500,B=13$。对 HSI 的降维处理中,$L=500,W=500,B=115$,分成的数据块大小在后面章节会详细列出。

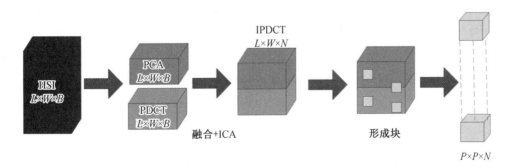

**图 2-17　IPD 特征选择/降维图**

## 2.3.2　多源遥感影像特征提取与融合

特征的提取与融合是一个广义的术语,涵盖了许多不同的方法,在遥感领域中最常用来描述数据融合,即在特征空间层面上的组合。多光谱/高光谱数据融合的一种常见形式涉及重采样技术,类似于多光谱图像的泛锐化方法,这是近年来兴起的一个研究领域。经常被提出的数据融合形式是所谓的向量叠加方法(也称为图像叠加),它通过聚合来自多个源的输入向量来产生复合特征空间,然后对新的特征空间进行分类。该方法最近的一个重要应用是将多光谱或高光谱数据与雷达(SAR)或最常见的是与激光雷达信息相结合。其他研究使用单一原始信息来源,然后将其与从初始图像中获得的新纹理特征融合或通过基于对象的图像分析获得的特征。

数据融合的另一种方法是在决策层采用融合过程,即执行多个独立分类,然后组合分类器的输出。决策融合在遥感中的一个常见应用涉及从单一来源派生某种形式的纹理特征,为每个来源创建独立分类器,然后按照分而治之的方法将其输出组合起来。该方法已成功地将光谱信息与各种纹理特征、形态轮廓和图像分割衍生特征相结合。

在这些研究中,通过简单的加权平均方案、更复杂的融合算子,甚至将多个分类器的叠加(软)输出作为一个新的特征空间,然后在这个新空间上训练一个新的分类器,对分类器的软输出(概率或模糊)进行融合。决策融合也被用于有效处理高光谱数据的非常高的维度,方法是在源图像派生的不同特征子集上训练多个分类器,然后将它们的输出组合在一起。特征子集可以通过一些适当的特征提取算法,或者更常见的是通过应用一些特征子组选择过程来获得。更直接的决策融合方法将多个不同分类器的输出应用于一个共同的数据源。

对于多传感器数据的同时评估,先提出了将多光谱数据与地理信息(坡度、高程等)相结合的决策融合。在这些研究中,来自多个来源的信息通过所谓的共识规则进行组合,该规则融合了多个最大似然(ML)分类器的输出,每个分类器都在单独的数据源上训练。Benediktsson 和 Kanellopoulos 通过同时考虑神经网络(NN)分类器和共识理论 ML 分类器扩展了这一思想。当两个分类器不一致时,由第三个 NN 分类器做出决定,该分类器独立于其他两个分类器进行训练。这两个神经网络都是在聚合特征空间上训练的,聚合特征空间是通过将所有单个数据源堆叠成单个向量而创建的。Waske 和 Benediktsson 提出了一种将多光谱图像与多时相 SAR 数据融合的方案。后者首先被重新采样到多光谱图像的空间分辨率。然后,为每个数据源创建一个 SVM 分类器,对它们的软输出进行融合,并在融合后的输出上训练一个单独的 SVM,以执行最终的分类。该方法在研究中得到扩展,考虑了额外的 SVM 分类器,基于多尺度分割衍生的特征进行训练。最后,决策融合被用于结合多时相卫星数据。然而,这些研究使用融合算子来组合不同时间点的结果,从而生成类转换图。当考虑多传感器数据时,遵循典型的矢量叠加。

上述所有的多传感器融合方法都有一个共同的缺点:多源信息必须被对齐到一个单一的(空间)分辨率,通常是最高的可用分辨率。只有上文中提出的融合方案不需要对不同图像进行共配准,但这种方法涉及多时段类转换估计,不能应用于多源地物分类。降采样卫星图像,特别是高光谱图像,涉及高计算需求和存储需求。即使使用现代计算机系统,处理如此大量的数据至少也会变得很麻烦。对于所有的数据融合方法,将多个数据源共同注册到一个共同的空间分辨率是不可避免的。另外,如果考虑到适当的公式,决策融合方法提供了以其原生分辨率执行独立(即每个数据源一个)分类的可能性。尽管多个分类图仍然需要在更精细的空间分辨率下进行共同配准,但与将数百个波段的高光谱图像重新采样到VHR 多光谱图像的分辨率相比,计算负担和产生的数据量要少几个数量级。

为了提升多源遥感影像分辨率,在实验中针对两种数据源特征进行了融合研究。对于融合算法,学术界相继提出了不同的融合算法,大致分为以下几类。

(1)像素级图像融合:其目的是将对应的多个图像合并为一个包含所有信息的图像。原始数据直接作为数据融合过程的输入,多个输入能够提供比单个来源更准确的信息。在图像处理领域,很多方法都是直接对原始像素进行计算并融合的。

(2)特征级融合:一些实体特征(比如,形状、纹理和位置等)被融合以获得可用于其他任务的特征。特征级图像融合涉及多源信息对应特征的研究,是一个相对较小的研究领域。

(3)决策层融合:以符号表示为源,将它们组合起来,以获得更准确的决策。决策级融合策略是一种简单直观的方法,通常需要将不同分类器的匹配分数进行归一化处理。贝叶斯方法是常用方法之一。贝叶斯融合模型将高光谱影像数据和多光谱影像数据作为样本数据,先计算先验分布,将其作为前提条件,然后利用贝叶斯相关公式计算高光谱影像数据出现的概率,再利用最大似然估计将其概率最大化并求解相关问题。

(4)多级融合:其策略是对不同抽象级别提供的数据进行处理。多层次融合考虑不同价值的信息进行决策,得到最终结果。该策略的目的是充分利用各个层的特点,最大限度地挖掘数据信息。Liu 提出了一种多级融合网络对多源图像像素级分类,利用决策层上的超像素分割结果对特征级融合结果进行细化,得到最终的融合结果,在 grss_dfc_2018 数据集上进行实验,取得较好的效果。

针对 HSI 和 MSI 两种数据源,为了充分利用 HSI 和 MSI 互补信息,本书充分研究了数据融合、特征融合、决策融合和多级融合等融合方式。由于不同特征的价值可能存在明显的不平衡,而且包含不同信息的特征没有被平等地表示和评估。多级融合策略可以解决这个问题,特别是在 HSI 和 MSI 特征融合过程中,存在大量噪声等干扰因素。因此,本研究基本都采用多级融合策略。

# 2.4　分类评价指标体系

本书采用精度评价作为主要的分类评价方法,其中包括总体精度、平均精度和 Kappa 系数等指标对树种分类模型进行评估。精度评价是将多源遥感影像数据在像素级对树种分类结果与地面真值进行对比,以评估分类结果的准确度,从而对分类算法进行评价。分类的精度是本书研究中树种分类模型的重要评价指标。以下是对几种分类评价指标的详细说明。

假设有 $n$ 个类别的样本,则 $E \in \mathbf{R}$ 任意一个元素的样本数量。

(1)总体分类精度(Overall Accuracy,OA)是以某随机样本为研究对象,每一个样本的预测结果与地面真值类型相符的百分比,即正分像元总数占总像元数的百分比,公式表示如下:

$$OA_i = \frac{E(i,j)}{N_i} \tag{2-12}$$

如果衡量所有样本的总体分类表现,公式表示如下:

$$OA = \frac{\sum_{i=1}^{k} E(i,j)}{M} \tag{2-13}$$

(2)另外,平均精度(Averaged Accuracy,AA)代表所有类别的总体精度的平均值,公式表示如下:

$$AA = \frac{\sum_{i=1}^{j} OA_i}{j} \tag{2-14}$$

(3)Kappa 系数是对离散变量进行多元分析的一种技术,公式表示如下:

$$Kappa = \frac{E \sum_{i=1}^{n} E_{ii} - \sum_{i=1}^{n} (E_{+i}E_{i+})}{P^2 - \sum_{i=1}^{n} (E_{+i}E_{i+})} \tag{2-15}$$

其中,$n$ 是矩阵中的行总数,$E_{ii}$ 是混淆矩阵中第 $i$ 行和第 $i$ 列的像素总数;$E_{i+}$ 是第 $i$ 行的像素总数,而 $E$ 是用于精度评估的像素总数。Kappa 系数的取值为 $0 \sim 1$。当 Kappa$<0.4$ 时,表示分类结果的准确性较弱;当 $0.4 \leqslant$ Kappa$<0.75$ 时,表明分类结果的准确性是正常的;当 $0.75 \leqslant$ Kappa$<0.85$ 时,表明分类结果具有较高的准确性;当 Kappa$>0.85$ 时,表明分类结果具有很高的准确性。

# 2.5　本章小结

本章首先说明了多源树种分类研究中涉及的深度学习相关算法,其次介绍了研究区域及多源遥感数据采集及预处理方法,并且制作了 3 个多源遥感影像树种数据集,用于分类实验,还基于 HSI 和 MSI 遥感影像特点,采用 IPD 降维算法与多级融合策略,对数据的降维和融合也进行了深入分析;再次,在样本标签程度上,通过几种监督方式下的卷积神经网络对树种进行分类;最后,介绍了所有实验的评价指标。

# 第3章　基于循环卷积与沙漏模块的
## 双分支分类模型研究

随着遥感技术的发展,现在可以从各种传感器获得不同来源的互补数据。HSI 提供了丰富的光谱信息,已被广泛用于土地覆盖分类。与 HSI 数据不同,其他传感器卫星影像,如 MSI、雷达数据包含详细的海拔信息。这些数据在空间域中传递了丰富的信息,可用于改进 HSI 场景的表征,因为激光雷达数据受大气干扰的影响较小。在参考文献中,有几部著作讨论了多源遥感数据的融合问题。

研究者们已经提出了许多分类方法来利用 HSI 数据中包含的空间光谱信息,包括基于机器学习的方法、基于张量的算法和基于稀疏表示的方法。近年来,基于深度学习的算法在遥感数据解译中取得了巨大的成功。Hu 等首先采用 CNN 进行 HSI 分类。在这些开创性的工作之后,许多其他基于深度学习的 HSI 分类方法被提出,并且这些方法已被证明能够提供比传统方法更高的分类精度。相关的例子有基于 CNN 的像素对模型,基于空间光谱特征的分类(SSFC)模型,该模型将 CNN 与平衡的局部判别嵌入叠加在一起,或者基于连体 CNN 的方法。

除了基于 CNN 的 HSI 分类算法外,递归神经网络(RNNs)由于其独特的远程依赖关系建模能力,在从不同类型的输入中捕获有用信息的任务中也取得了巨大的成功。因此,许多 HSI 分类模型被开发出来,包括基于 CNN 的像素级光谱分类模型、局部空间序列 RNN 模型,以及结合 CNN 和 RNN 的分类模型。此外,为了解决 RNN 中的梯度消失或爆炸问题,提出了长短期记忆(LSTM)和卷积 LSTM(ConvLSTM)。最常见的利用方法是与 CNN 结合使用,如用于光谱上下文特征提取的卷积 RNN 模型、循环三维全卷积网络,以及结合三维 CNN 和(二维)ConvLSTM 的两阶段分类模型。

另外,也有一些相关工作侧重于以 LSTM 和(2-D)ConvLSTM 细胞为基本单元构建深度特征提取和分类模型,如空间-光谱 LSTM、双向-ConvLSTM(Bi-CLSTM)或空间-光谱 ConvLSTM 二维神经网络。这些方法在高光谱分类任务中取得了较好的效果。为了更好地保留 HSI 数据的固有结构,在相关文献中的(2-D)ConvLSTM cell 的基础上开发了 3-D ConvLSTM cell,并在此基础上设计了空间-光谱 ConvLSTM 3-D 神经网络(SSCL3DNN)。

鉴于高光谱影像(HSI)和多光谱影像(MSI)数据的特殊性,一些研究已经致力于将这两种数据源进行融合,以提高分类性能,例如决策融合分类方法和基于形态特征提取的算法。此外,针对多源遥感数据的分类,人们也提出了几种基于深度学习的分类方法。然而,传统方法中使用了固定大小的卷积核来处理所有类别的数据,这可能导致不同类别之间多尺度信息的获取能力不足。

现有基于深度学习的树种分类模型设计结构化虽强,但分类精度稍低。高光谱图像包含丰富的空间和光谱信息,有助于识别不同的物质。HSI 已经应用于许多领域,包括土地覆盖分类和目标检测。然而,由于光子能量有限,需要在空间分辨率、带宽、条带宽度和信噪比之间进行权衡。一个结果是,HSI 的空间分辨率往往是中等的,这可能导致不同材料的光谱混合在每个像素。此外,对于森林分类等对地观测应用,要求具有高空间分辨率的图像。与 HSI 相比,多光谱成像通常具有更宽的光谱带宽和更高的空间分辨率。增强 HSI 分辨率的 HSI-MSI 融合旨在将 HSI 与 HSI 融合,生成更高分辨率的 HSI,这是一项重要技术。深度学习在特征提取和表示映射函数方面具有巨大的能力,在 HSI 分辨率增强方面显示出巨大的潜力。将深度学习应用于 HSI-MSI 融合存在以下两个问题。

(1)如何从 HSI 和 MSI 中联合提取光谱空间深度特征。

(2)如何提高树种分类精度。

考虑到 HSI 和 MSI 数据的特殊性,一些工作旨在融合这两个数据源以提高分类性能,其中包括决策融合分类方法和基于形态特征提取的算法。除此之外,针对多源遥感数据的分类问题,相关专家还提出了几种基于深度学习的分类方法。Xu 等构建了一个带有数据增强的两分支 CNN 模型,用于融合多源数据特征。其在文献中设计了一种用于多源遥感数据分类的无监督 patch-to-patch CNN(PToP)模型,其中使用三塔 PToP 映射来融合它们的多尺度特征。Li 等通过引入最大熵准则,提出了一种用于多源数据融合的双通道鲁棒胶囊网络(dual-channel CapsNet)。但是,需要注意的是,对于所有的类都使用了固定大小的卷积核,这可能会导致不同的类缺乏多尺度信息。

在这种情况下,多源遥感影像数据的互补性没有得到充分利用,因为光谱和空间信息不能有效地整合。注意机制是源自计算神经科学的一项重要技术。它允许给定的模型从输入中自动定位和捕获重要信息。自 Bahdanau 等首次利用它从源句子中选择参考词以来,大量研究表明,在注意机制的帮助下,基于深度学习的模型可以在计算机视觉的许多领域获得更好的特征表示能力。一些工作将注意机制应用于遥感问题。Cui 等提出了一种用于合成孔径雷达图像船舶检测的密集注意金字塔网络,其中设计了卷积块注意力模块(具有空间和通道性注意力),以突出特定尺度上的显著特征。Chen 等改进了更快的基于区域的 CNN,使用多尺度(空间)和通道关注来检测遥感图像中的目标。其文献中的工作使用跳过连接的编码器-解码器模型,开发了一个端到端多尺度视觉注意网络,用于突出对象和抑制背景区域。Wang 等提出了一种端到端主动溢流机制递归 CNN,用于高分辨率遥感场景的分类。针对 HSI 分类任务,设计了一种基于注意力的初始模型,可以对 HSI 数据中的空间信息进行精确建模。Mou 等提出了一种可学习的光谱关注模块(先于基于 CNN 的分类),用于选择信息波段。其文献将注意机制与 RNN 相结合,设计了一种空间光谱视觉注意驱动特征提取模型。

基于此,本章设计了多源树种分类双分支结构模型。首先,虽然这些深度学习网络可以捕获精细特征,但是普遍属于资源密集学习类型。其次,残差表示被压缩,连接薄瓶颈之间的映射不可避免地导致信息丢失。此外,特征被降维,导致梯度混淆,削弱了梯度在层间的传播能力,影响训练收敛。只有高效的特征选择和深度挖掘才能消除冗余,保留深度特征,从而保证树种的正确分类。当空间和光谱特征提取模块适当调整后,将这些深度学习结构应用于多源遥感数据才可能产生令人满意的效果。Sentinel-2数据具有空间分辨率高、光谱分辨率低的特性。HJ-1A数据作为HSI,特性相反。两者可以优势互补,通过挖掘两者的相关性,能够加大深度学习模型对树种的分类能力。

因此,本书以HJ-1A和Sentinel-2遥感影像为研究对象,提出了基于Bi-LSTM与沙漏模块的多源融合树种分类网络。使用HSI光谱和MSI相应的空间邻域作为网络的输入对。在HSI分支提取光谱特征,MSI分支提取相应的空间邻域特征。然后,将两个分支连接并馈送融合激活层,输出树种分类图。

本章研究的主要目标概括如下。

(1)设计基于循环卷积神经网络的多源树种分类模型和深度学习算法。

(2)利用HSI数据和MSI数据对所提出的树种分类方法进行评价。

(3)结合其他模型分析所提出模型的优势,深层挖掘多源遥感影像数据的有效特征进行融合分类和消除冗余信息,为深度学习方法完成树种分类任务提供新的思路。

# 3.1　双分支分类模型

## 3.1.1　DBMF主干网络

本书提出的双分支多源融合分类模型(double branch multi-source fusion network,DBMF)由光谱分支、空间分支和融合模块构成,如图3-1所示。光谱分支采用Bi-LSTM和三重注意组合模型提取光谱特征。空间分支,采用卷积和沙漏模块提取空间特征。融合模块通过两个分支提取的特征输入融合模块进行特征融合与分类。

一个像元的光谱信息由其平均反射率光谱决定,而空间特征则与周围像元有关。模型中,光谱分支提取光谱特征,空间分支提取空间特征,然后将两者融合,进行后续操作。为了最小化树种分类的复杂度,保持样本间的差异特征,DBMF通过空间分支和光谱分支融合HSI和MSI。

DBMF首先对HSI上采样,使其与MSI空间分辨率一致。在光谱分支中,我们致力于提取理想的HSI特征,通过联合重建所有HSI波段的特征图,最大限度地减少光谱信息的损失。双向层的核大小为$(1 \times 1 \times 7)$,得到形状为$(7 \times 7 \times 47, 24)$的特征图,再排列到三重注意块上,得到大小为$(7 \times 7 \times 47, 24)$的特征图。然后得到形状为$(7 \times 7 \times 1, 60)$的特征映射,BatchNormalization-Mish-Convolution块计算一个$(1 \times 1 \times 47)$核。BatchNormalization-Mish-Convolution块包括一个批处理归一化层(BN)和一个带有Mish单元的激活函数,以及一个单独的卷积层。

将Sentinel-2的MSI数据输入到空间分支。MSI比HSI具有更高的空间分辨率,因此空间分支会受到不同空间的尺度影响。每个卷积层后面跟着一个BatchNormalization-Mish-

Convolution 块,并采用沙漏模块去除冗余空间特征,将深度学习与浅学习相结合,对深度空间特征挖掘与融合后输出。该层是由 BatchNormalization 和 Mish 激活函数加上核大小为 (7×7×1)、24 通道的 3D-CNN 组成的基本结构。在网络中应用沙漏模块,将特征图形状变换为(7×7×1,24)。重复这两个步骤,最终将(1×60)的空间特征输入下一个融合层。

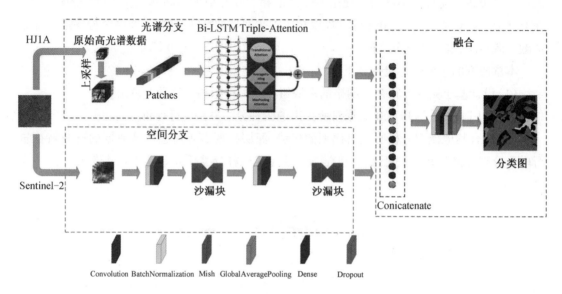

**图 3-1　双分支多源数据树种分类结构图**

在融合模块,先对光谱分支和空间分支获得光谱和空间特征进行 Concatenate 操作。然后依次通过 BatchNormalization-Mish-Convolution 块和 BatchNormalization-Dropout-Pool-Mish 块计算,得到完整的分类结果。下面对构成网络的光谱分支和空间分支以及网络的目标函数进行详细说明。

## 3.1.2　基于注意力机制和 LSTM 的光谱特征提取分支

光谱分支中,首先通过双线性插值算法对 HJ-1A 的 HSI 输入进行重采样,使其空间分辨率与 Sentinel-2 捕获的 MSI 空间分辨率相同。光谱输入由 HSI 光谱数据组成,充分利用图像的光谱结构信息。Bi-LSTM 首先提取 HSI 数据特征,然后通过三重注意机制对每个光谱特征赋予多重权重。然后,通过密集网络对众多浅层特征进行残差计算,生成具有代表性强的残差特征。下面对基于 Bi-LSTM 的光谱特征提取和基于三重注意力的光谱特征提取进行详细说明。

1. 基于 Bi-LSTM 的光谱特征提取

因为 HSI 属于强序列性的数据,而循环神经网络处理序列数据性能强大。作为循环神经网络,LSTM 通过对时间序列信息和序列数据的隐藏层进行循环连接来获取它们。在隐藏层存储最新的信息解决了梯度消失的特性,以及对模型学习过程的长期依赖性。

HSI 为输入序列数据,表示为 $\{x_1, x_2, \cdots, x_t\}$,并且这个序列对应的隐藏状态序列为 $\{h_1,$

$h_2, \cdots, h_t$}。$t$ 为其中一个时间节点，循环神经网络的时间 $t$ 的输入 $x_t$，与上一步的输出 $h_{t-1}$ 同时作为 $t$ 时间的输入。

其运算方式如下：

$$f_t = \sigma(W_{hf} \cdot h_{t-1} + W_{xf} \cdot x_t + b_f) \tag{3-1}$$

$$i_t = \sigma(W_{hi} \cdot h_{t-1} + W_{xi} \cdot x_t + b_i) \tag{3-2}$$

$$\widetilde{C}_t = \tanh(W_{hC} \cdot h_{t-1} + W_{xC} \cdot x_t + b_C) \tag{3-3}$$

$$C_t = f_t \cdot C_{t-1} + i_t \cdot \widetilde{C}_t \tag{3-4}$$

$$O_t = \sigma(W_{ho} \cdot h_{t-1} + W_{xo} \cdot x_t + b_o) \tag{3-5}$$

$$h_t = O_t \cdot \tanh(C_t) \tag{3-6}$$

式中，$f_t$ 为遗忘门，$i_t$ 为输入门，$O_t$ 为输出门，$\widetilde{C}_t$ 为候选单元值，$O_t$ 是输出，$b_f, b_i, b_C, b_o$ 是偏置项。$\sigma$ 为激活函数，'$\cdot$' 为矩阵乘法运算符，$W_{xx}$ 为权矩阵。

双向 LSTM（Bi-LSTM）集成了正反两个方向的输入序列信息。$t$ 时刻的输出包括正向 LSTM 输出和反向 LSTM 输出。

$$\overrightarrow{h_t} = \phi(W_{hh}^d \cdot h_{t-1} + W_{xh}^d \cdot x_t + b_h^d) \tag{3-7}$$

$$\overleftarrow{h_t} = \phi(W_{hh}^i \cdot h_{t-1} + W_{xh}^i \cdot x_t + b_h^i) \tag{3-8}$$

其中 $\overrightarrow{h_t}, \overleftarrow{h_t}$ 分别表示 LSTM 的 $t$ 时刻正向和反向的隐藏层。隐藏状态 $h_t$ 是通过连接 $\overrightarrow{h_t}$ 和 $\overleftarrow{h_t}$ 获得的，然后将其提供给输出层。输出 $O_t$ 计算如下：

$$O_t = W_{hp} \cdot h_t + b_p \tag{3-9}$$

式中，$W_{hp}$ 表示权值参数，$b_p$ 代表偏置参数。

**2. 基于三重注意力机制的光谱特征提取模块**

由 Bi-LSTM 算法提取的光谱特征再经过三重注意力机制计算，通过分配权重的方式优先处理权重较大的光谱。其作用是细化映射特征权重，对光谱中对应于每个像素有意义的波段给与更多关注，削弱无意义的波段。注意力机制对于光谱分支是一种有效的光谱特征判别器。

三重注意力机制由三部分组成：传统注意力机制、平均池化注意力机制和最大池化注意力机制。通过三种形式充分地保留 HSI 的光谱特征，三种机制分别表示如下：

$$t = \sum_{j=1}^{n} \frac{\exp(e_{ij})}{\sum_{m=1}^{n} \exp(e_{im})} h_{ij} \tag{3-10}$$

$$a = \text{AveragePooling}\left\{ \sum_{j=1}^{n} \frac{\exp(e_{ij})}{\sum_{m=1}^{n} \exp(e_{im})} h_{ij} \right\} \tag{3-11}$$

$$m = \text{MaxPooling}\left\{ \sum_{j=1}^{n} \frac{\exp(e_{ij})}{\sum_{m=1}^{n} \exp(e_{im})} h_{ij} \right\} \tag{3-12}$$

对 Bi-LSTM 提取的光谱特征赋予多个权重，使每个特征都能得到最大程度的增强，能够在特征融合前去除冗余特征。三重注意机制公式计算如下：

$$F_{(t,a,m)} = concatencate(t \oplus a \oplus m) \tag{3-3-13}$$

三重注意力机制公式提供了新的权重，将权重赋予对应的特征，其中，$t$ 为传统注意机制值，$a$ 为池化注意机制平均值，$m$ 为池化注意机制最大值，$F_{(t,a,m)}$ 表示三个方程的连接特征，'$\oplus$' 表示融合算子。融合信息对三重注意力机制的输出进行连接，为后续分类工作提供更加丰富、详细的特征。

### 3.1.3 基于沙漏模块的空间特征提取分支

空间分支主要对 MSI 提取空间特征，该分支中采用两个 BN-Mish-Conv-Sandglass 层。其中 Sandglass 为沙漏模块，其作用是去除冗余空间特征，将深度学习与浅学习相结合，对 MSI 的空间特征进行更加深入和高效地挖掘。沙漏模块的目的是通过翻转残差来最小化参数和计算代价，如图 3-2 所示。其中，每个块的厚度表示相应的通道数量，深度卷积表示高维特征，瓶颈位于深度卷积的中间。通过反向残差块构建瓶颈之间的快捷方式，并在残差路径的两端包含一个深度卷积（分离块）。沙漏块对空间信息的表示具有很大优势。

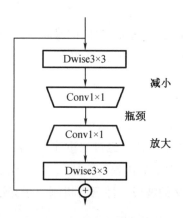

**图 3-2 瓶颈结构的沙漏块**

为了在传递到顶层时保留来自底层的信息，沙漏模块设置了连接高维表示的快捷方式，促进分层之间的梯度传播。由于深度卷积属于相对轻量级，可以应用高维特征对更丰富的空间信息进行编码，生成更有表现力的表示。设 $I \in T^{D_f \times D_f \times M}$ 为输入张量，$O \in T^{D_f \times D_f \times M}$ 为构件的输出张量。在不考虑深度卷积和激活层的情况下，构建沙漏模块公式如下：

$$O = \phi_e(\phi_r(I)) + I \tag{3-14}$$

其中，$\phi_e$ 表示通道展开的两个逐点卷积运算，$\phi_r$ 表示通道缩减运算。这种机制在剩余路径中间形成瓶颈，以节省参数和计算成本。这种快捷方式可以用于连接具有多个通道，而不是瓶颈。该方式将信息从输入 $I$ 传递到输出 $O$，这样许多梯度就可以跨多个层传播。采用深度空间卷积从残差路径末端开始对空间信息进行编码，从而学习具有表现力的空间上下文信息。块的表达式为：

$$\hat{o}_1 = \phi_{1,p}\phi_{1,d}(I)$$

$$\hat{o}_2 = \phi_{2,p}\phi_{2,d}(\hat{o}_1) + \hat{o}_1$$

$$\vdots$$

$$\hat{o}_i = \phi_{i,p}\phi_{i,d}(\hat{o}_{i-1}) + \hat{o}_{i-1}$$

$$\text{(3-15)}$$

其中，$\phi_{i,p}$ 和 $\phi_{i,d}$ 分别为第 $i$ 个点卷积和第 $i$ 个深度卷积。两次卷积都在高维空间中进行，提取丰富的空间特征。

### 3.1.4　混合损失函数

合适的目标函数可以加速网络的反向传播和收敛。在 DBMF 中，整个网络的反向传播通过混合损失函数进行指导，该混合损失函数 $L$ 由光谱损失函数 $L_{HS}$、空间损失函数 $L_{MS}$ 和融合损失函数 $L_{fusion}$ 组成，$L$ 表示如下：

$$L = \alpha L_{HS} + \beta L_{MS} + \gamma L_{fusion} \tag{3-16}$$

$$L_{fusion} = -\frac{1}{n}\sum_{i=1}^{n}\left[y_i\log(\hat{y}_{fusion,i}) + (1-y_i)\log(1-\hat{y}_{fusion,i})\right] \tag{3-17}$$

$$L_{HS} = -\frac{1}{n}\sum_{i=1}^{n}\left[y_i\log(\hat{y}_{HS,i}) + (1-y_i)\log(1-\hat{y}_{HS,i})\right] \tag{3-18}$$

$$L_{MS} = -\frac{1}{n}\sum_{i=1}^{n}\left[y_i\log(\hat{y}_{MS,i}) + (1-y_i)\log(1-\hat{y}_{MS,i})\right] \tag{3-19}$$

式中，$L_{fusion}$ 为主要损失函数；$L_{HS}$ 和 $L_{MS}$ 是两个辅助损失函数；$\hat{y}_{HS}$，$\hat{y}_{MS}$ 和 $\hat{y}_{fusion}$ 是第 $i$ 个训练样本对应的预测标签；$\alpha$，$\beta$，和 $\gamma$ 是标量权。为方便起见，本研究实验中标量权重均固定为 1。此外，$y_i$ 是真正的标签，$n$ 是训练集的大小。模型分别采用端到端和随机梯度下降算法进行训练和优化。

# 3.2　实验结果与分析

## 3.2.1　实验环境及样本数据

实验在谷歌云盘的 Colab 下进行，实验环境详细信息如下：

（1）操作系统：Ubuntu 18.04.6 LTS；（2）处理器：Xeon（R）CPU 2.30GHz；（3）内存：32G RAM；（4）GPU：NVIDIA Tesla P100；（5）CUDA：11.2；（6）语言：Python 3.7.14；（7）框架：Tenserflow。

实验数据：样本数据从三个数据集中随机采集，训练集和测试集样本数分别为表中数据的 70% 和 30%。如表 3-1。

表3-1　实验样本数据(像素)

| 优势树种 | 样本数 |
|---|---|
| 白桦 | 11 765 |
| 落叶松 | 39 637 |
| 樟子松 | 8 602 |
| 山杨 | 3 343 |
| 柳木 | 1 048 |
| 云杉 | 906 |

## 3.2.2　参数微调

参数设置和调整是 DBMF 模型测试的重要部分。由于两类数据分辨率不同,但是为保证实验的公平性,两者在固定分辨率下参考相同的地面真值图。表3-2 描述了 DBMF 方法的层结构参数。在实验中,DBMF 方法与其他比较的方法都是基于相同的地面真值图下进行的。

表3-2　DBMF 架构参数

| HSI Tunnel | | | MSI Tunnel | | |
|---|---|---|---|---|---|
| Layer | Kernel Size | Output Shape | Layer | Kernel Size | Output Shape |
| Input | | (7×7×100) | Input | | (7×7×100) |
| Bidirectional | (1×1×7) | (7×7×47, 24) | BN-Mish-Conv | (7×7×1) | (7×7×1, 24) |
| Permute | | (7×7×47, 24) | Concatenate | | (7×7×1, 24) |
| Triple-Attention | | (7×7×47, 24) | Sandglass Block | | (7×7×1, 24) |
| BN-Mish-Conv | (1×1×47) | (7×7×1, 60) | BN-Mish-Conv | (7×7×1) | (7×7×1, 24) |
| Pooling | (7×7×1) | (1×1×1, 60) | Concatenate | | (7×7×1, 24) |
| Concatenate | | (1×60) | Sandglass Block | | (7×7×1, 24) |
| | | | Concatenate | | (1×60) |

| Layers(Fusion) | Output Shape(Fusion) |
|---|---|
| JOINT | (1×60) |
| BN-Mish-Conv | (7×7×1, 60) |
| BN-Dropout-Pooling-Mish | (1×60) |

DBMF 模型分支结构参数稍多,训练时间较长,需要反复测试。利用 OA、AA 和 Kappa 对输入核进行计算和验证。网络模型在输入核数为(7×7)时获得了最佳性能,具体情况将在下一节进行描述。网络中优化方式采用 Adam 策略,根据网络的期望训练性能和收敛速

度,设置学习率为0.01。

## 3.2.3 模型训练

首先,输入 HSI 和 MSI,然后通过双分支模型对光谱和空间特征分别提取,最后融合,输出树种分类图,模型具体的训练过程如下。

**算法 3-1 DBMF 算法**

---

输入:高光谱数据 HSI 和 多光谱数据 MSI

输出:树种分类图;

1. 根据多光谱分辨率,上采样双线差值 HSI

2. HSI 分支通过公式 3-9 提取特征 $H_1$

3. 对 $H_1$ 通过 Triple-Attention 和 BN-Mish-Conv 得到 $H_2$

4. MSI 分支通过沙漏模块公式 3-15 提取特征 $M_1$

5. 对 $M_1$ 进行卷积计算,得到 $M_2$

6. 对 $H_2$ 和 $M_2$ 进行融合得到 F

7. 通过公式 3-16 计算分类结果和树种真值标签的损失

8. 通过 Adam 优化器重复 2-7 步

9. 返回树种分类图

---

在模型的训练过程中,卷积核的大小对分类精度有很大的影响。如果将卷积核大小设置过大,网络可能会丢失部分详细信息,但会保留更多的相关数据。相反,如果将大小设置过小,则效果相反。因此,卷积核的大小直接影响树种分类的结果。在本实验中,对常用的卷积核大小 $n$,$n=1,3,5,7,9,11$ 和 13 进行测试。以批次为 100 个样本对模型进行 1 000 次迭代训练,训练结果如图 3-3 至图 3-9 所示。从图 3-6 可以看出,核大小为 7 的准确率最高。核大小为 9 时在早期收敛迅速,在 800 个周期时达到峰值,但此后精度没有提高,因此核大小为 9 的学习能力有限。但是,核大小为 7 的学习曲线在 800 周期以后,精度仍有提高,其梯度并没有完全消失。虽然核大小为 1 和 3 曲线比较稳定,但精度无法满足本书的要求。核大小(kenel size)为 11 和 13 的曲线波动较大,不适合大规模深度学习。

DBMF 训练过程中与目前其他优秀算法进行了比较,这些算法为:支持向量机(SVM)、CD-CNN 类型方法、双分支多注意机制网络(DBMA)、注意力机制双分支网络(DBDA)。DBMF 的参数文件大小为 303 MB。同时采用随机梯度下降法进行训练。图 3-10 显示了模型训练时长,其中 DBMF 花费了大约 100 分钟,比 CD-CNN 快了很多(30 分钟),CD-CNN 的学习速度是其他比较方法中最快的,而 SVM 花费的时间最长。结果表明,DBMF 是训练最快的学习模型,其分类能力优于其他算法。

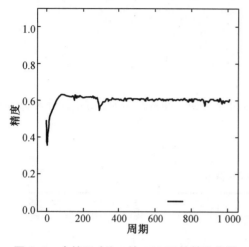

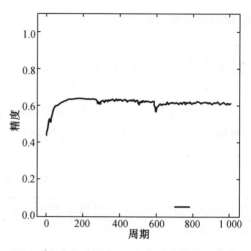

图 3-3　内核尺寸为 1 的 DBMF 的精度曲线　　图 3-4　内核尺寸为 3 的 DBMF 的精度曲线

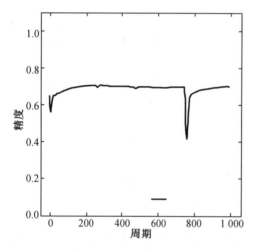

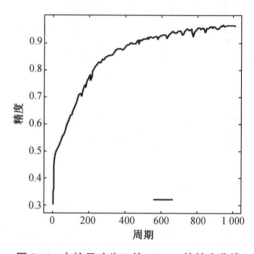

图 3-5　内核尺寸为 5 的 DBMF 的精度曲线　　图 3-6　内核尺寸为 7 的 DBMF 的精度曲线

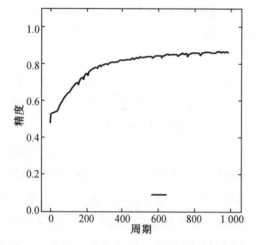

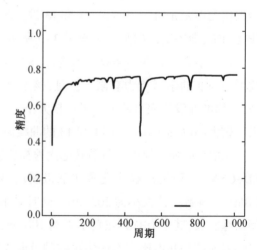

图 3-7　内核尺寸为 9 的 DBMF 的精度曲线　　图 3-8　内核尺寸为 11 的 DBMF 的精度曲线

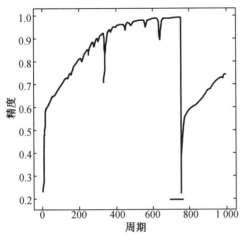

图 3-9 内核尺寸为 13 的 DBMF 的精度曲线

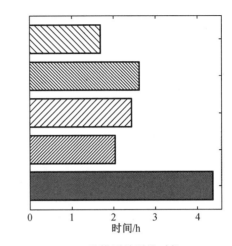

图 3-10 5 种模型的训练时长

图 3-11 至图 3-14 显示了模型在训练过程中准确率和损失率的变化曲线。增加迭代次数可以改变整个网络模型性能,及时观察整个训练过程,避免过拟合。随着迭代次数的缓慢增加,精度也逐渐提高。当周期接近 400 时,精度趋于稳定。同样,随着迭代次数的增加,损失值逐渐减小。当周期达到 300 时,损失率趋于稳定,但周期超过 400 时,损失率开始上升,并发生过拟合。模型在 400 周期的精度稳定,损失最低。

由于本书采用了随机梯度下降法对 DBMF 模型进行预训练,从图 3-11 至图 3-13 可以看出,这 3 种算法对数据集的训练精度一般,但损失率仍然较低。经过 100 次迭代训练后,曲线并没有收敛,而是发散了。因此,这三种方法都不适用于树种数据集。

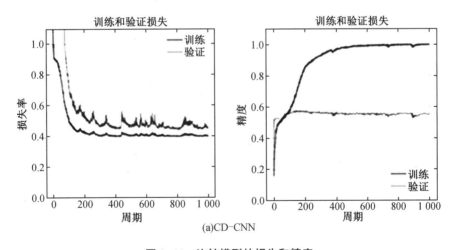

(a)CD-CNN

图 3-11 比较模型的损失和精度

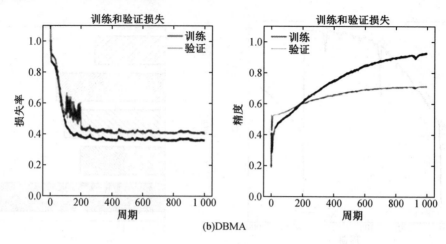

(b)DBMA

图 3-11　比较模型的损失和精度

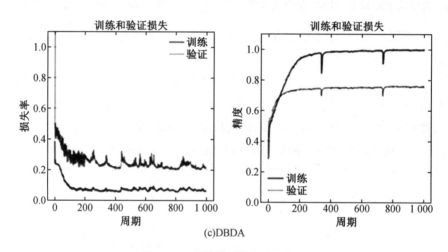

(c)DBDA

图 3-11　比较模型的损失和精度

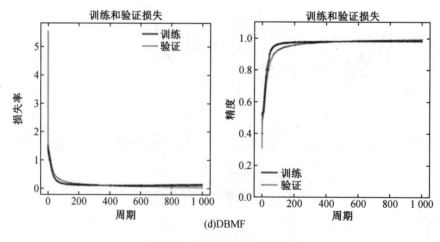

(d)DBMF

图 3-11　比较模型的损失和精度

　　由图 3-15,随着样本数量的增加,OA 的变化比较缓慢。这些算法都有一个共同点:训练样本越多,准确率越高。但在每个阶段,本书提出的方法都优于其他测试方法,表现出较强的空间和光谱特征学习能力。当训练样本比例达到80%时,模型的OA达到峰值92%,之后趋于稳定。其他算法的精度也比较稳定,但都低于所提出的DBMF方法。

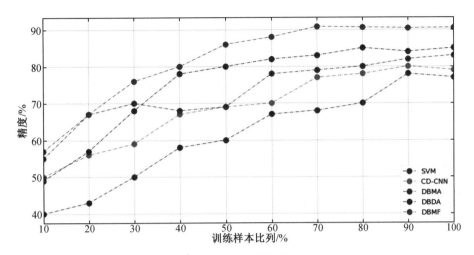

图3-15　准确率与训练样本关系图

### 3.2.4　消融实验

前面已经介绍了沙漏模块的工作原理,本节主要分析双分支模型中沙漏模块对树种分类的影响,本书通过用树种实验数据集对树种分类的效果进行验证。作为一个重要参数,DBMF的最佳图像补丁大小为7,其他条件同3.2.1节。然后,比较了完整DBMF和不含沙漏块的DBMF的性能。

如图3-16所示,有沙漏块的DBMF超越了没有沙漏块的DBMF。数据集的总体精度提高了近5%,而完整的数据集训练速度比没有沙漏块的数据集快约30 min。由于沙漏块在高维表示之间添加了快捷连接,并在高维特征空间中执行深度卷积,它可以加速反传播,并导致性能差异。

### 3.2.5　对比实验

本节将所提出的分类方法与目前的优秀算法进行比较,这些算法3.2.4节已经介绍过。由于SVM不属于DL,所以在训练过程中只学习了其他四种算法。所有方法均在单HSI、单MSI以及将数据分辨率提升到相同像素级的HSI和MSI融合上进行测试。

所有方法均测试5次,取三个数据集的平均值,其中OA、AA、Kappa的详细统计见表3-3。本书将HSI表示单一HJ-1A数据,MSI表示Sentinel-2数据。“HSI”和“MSI”分别代表仅通过高光谱影像(HSI)和仅通过多光谱影像(MSI)获得的分类结果。“H+M”表示HSI和MSI联合分类的结果。

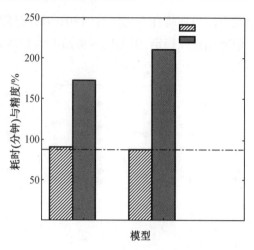

图 3-16  沙漏块对 DBMF 的影响

表 3-3  各模型树种分类表( % )

| | SVM | | | CD-CNN | | | DBMA | | | DBDA | | | DBMF | | |
|---|---|---|---|---|---|---|---|---|---|---|---|---|---|---|---|
| | HSI | MSI | H+M | HSI | MSI | H+M | HSI | MSI | H+M | HSI | MSI | H+M | HSI | MSI | H+M |
| OA | 40.67 | 36.31 | 42.60 | 47.64 | 44.35 | 48.66 | 62.13 | 60.43 | 63.05 | 81.67 | 81.57 | 82.12 | 84.32 | 82.62 | 91.84 |
| AA | 36.39 | 34.58 | 36.76 | 44.38 | 42.31 | 46.72 | 56.79 | 55.60 | 58.32 | 80.18 | 78.98 | 82.09 | 83.60 | 82.31 | 90.16 |
| Kappa | 31.12 | 30.89 | 33.01 | 43.56 | 42.08 | 45.19 | 50.94 | 54.27 | 55.84 | 77.32 | 72.15 | 81.37 | 83.18 | 84.91 | 90.02 |

与支持向量机相比,本书方法提高了 48%( 表 3-3)。支持向量机最差,分类结果正确率只有 0.43,而 DBMF 实验结果最佳,达到了 0.91。这是因为 DBMF 把像素之间的空间和光谱信息建立关联,而支持向量机是把两者独立开来,没有相互信息融合,所以识别率低。CD-CNN 的 OA 略差,因为 2D-CNN 没有整合空间和光谱信息。与独立提取两类特征并采用注意机制的 DBMA 相比,DBMF 的整体精度提高了 27%。DBMF 方法通过提取 MSI 和 HSI 的多尺度信息,比 DBDA 方法的分类效果更好,DBDA 虽然改进激活函数,但并没有防止过拟合。

由表 3-4,CD-CNN、DBMA 和 DBDA 模型的识别率都较低,但 DBMF 模型除外。总体而言,模型对云杉的分类比较困难,但 DBMF 模型对云杉的识别率高于其他模型,这也提高了总体精度。支持向量机模型在多源树种分类效果方面表现最差,仅能够识别落叶松和白桦,而对于其他树种几乎没有准确的识别能力。显然,高维大批量数据分类存在缺陷。DBMA 对柳木的识别率为 0.71,略优于 CD-CNN。除了云杉的等效效应外,其他树种的识别能力略强于 CD-CNN。由表3-4可知,DBDA 对柳木的识别率为 0.8,优于 DBMA,但对山杨的识别率提高不明显。该算法对 6 个树种的分类平均准确率普遍优于其他算法。

图 3-17 至图 3-19 展示了 2.2.4 节三个多源数据集上不同方法的树种分类图,其中 GT 代表地面真值数据,RGB 为彩色数据。DBMF 分类图的质量明显高于其他方法,分类图之间的界限最清晰。此外,DBMF 方法识别树种的准确率达到 0.91,而其他方法稍差。DBMF 对不同树种的准确率分别为 0.85( 白桦)、0.92( 落叶松)、0.88( 樟子松)、0.87( 山

杨)、0.84(云杉)和0.85(柳木)。DBMF方法在特征映射方面始终优于其他方法,表明融合策略优于单源数据策略。DBMA和DBDA方法可以同时提取光谱和空间信息,但DBMF方法的分类效果优于两种方法,其结果更接近参考图,提供的光谱和空间特征比其他方法更稳定,表现更平滑。

表 3-4　五种算法对各树种分类精确度

|  | SVM | CD-CNN | DBMA | DBDA | DBMF |
|---|---|---|---|---|---|
| 白桦 | 32.75 | 58.43 | 66.38 | 72.63 | 85.58 |
| 落叶松 | 57.78 | 67.86 | 72.97 | 85.05 | 92.63 |
| 樟子松 | 16.66 | 63.36 | 82.52 | 79.12 | 88.08 |
| 山杨 | 16.66 | 16.66 | 81.35 | 82.33 | 87.23 |
| 柳木 | 16.66 | 69.69 | 71.39 | 80.75 | 85.02 |
| 云杉 | 16.66 | 53.30 | 50.39 | 74.41 | 84.21 |

## 3.2.6　讨论

DBMF模型的光谱分支应用了Bi-LSTM和三重注意机制,通过Bi-LSTM提取期望的光谱特征,还可以通过残差密集网络充分挖掘的深度特征,并通过三重注意机制网络实现深度融合,有效减少冗余。空间信息通过沙漏模块提取空间邻域特征,与光谱特征有效融合进行树种分类(目标1)。由前面的树种分类实验得出,DBMF分类结果评价指标优于其他方法。此外,在识别云杉和落叶松方面表现尤其出色,这将提供很好的商业价值。

整体分类方面,DBMF方法最好,DBDA,DBMA,CD-CNN方法依次下降,SVM效果最差。由分类图,对于最少的4个树种出现破碎化、边缘粗糙、精度低和误分严重的结果,DBMF却能较好地分类6个树种。虽然DBMF增加了网络深度,但训练过程中没有梯度退化和过度拟合的情况发生,获得最佳分类结果(目标2)。因此,该方法在东北复杂的森林环境中可以对优势树种进行有效的分类。

当使用基于像素的反射率样本时,SVM方法在统计上具有显著的优势,不需要考虑分割大小。Ghosh和Fassnach声称支持向量机方法可以用于处理复杂的分类问题,例如树种分类,他们使用SVM和Hyperion数据对5个树种进行了分类。在本书中,樟子松、云杉、柳木和山杨几乎被鉴定为落叶松。因此,SVM对针叶林物种的分类能力存在严重缺陷。Hartling显著分类了8种优势树种,其总体精度为0.82,SVM分类器的总体精度为0.52。比较DL模型得到的观点与Hartling的研究基本一致,如图3-17至图3-19所示。

CD-CNN方法通过每个像素向邻域的局部空间探索上下文的相互作用,但却忽略全局特征,难以分类任何山杨,而DBMF方法对山杨的提取效果较好。由于CD-CNN是基于2D-CNN的,对于样本较小的复杂树种分类性能稍差。而DBMF方法更轻量化、通用性强、收敛速度快,其中卷积运算可以保留更精细的光谱信息,为大样本的树种分类工作提供了良好的模型结构。因此,CD-CNN方法不能满足树种分类的要求。

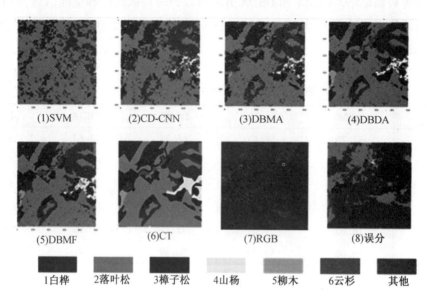

(1)SVM；(2)CD-CNN；(3)DBMA；(4)DBDA；(5)DBMF；(6)Ground Truth；(7)RGB；(8)误分。

图3-17 多源数据集(一)的完整树种分类图

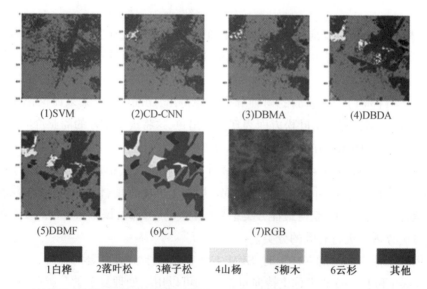

(1)SVM；(2)CD-CNN；(3)DBMA；(4)DBDA；(5)DBMF；(6)Ground Truth；(7)RGB。

图3-18 多源数据集(二)的完整树种分类图

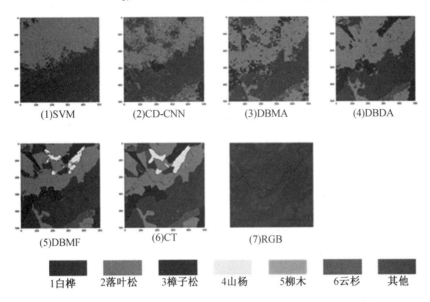

(1)SVM；(2)CD-CNN；(3)DBMA；(4)DBDA；(5)DBMF；(6)Ground Truth；(7)RGB。

图3-19 多源数据集（三）的完整树种分类图

基于3D-CNN的DBMA方法训练过程比CD-CNN更耗时,虽然利用了空间和光谱注意力机制来增强特征,却没有考虑高光谱数据的顺序和关系。因此,DBMA的上述缺点导致更耗时,性能更差。与DBMA相比,DBDA增加了Mish激活函数来提取一些负值数据的信息,同时增加了算法的复杂度,降低了训练效率,但DBDA分类结果比DBMA更精确,代价是效率稍低。为了弥补这个缺陷,DBMF方法通过空间分支的沙漏模块提高了训练速度。通过提取光谱有效信息和空间光谱特征进行融合,能够充分利用两者的互补关系,达到预期的分类精度。解决了原始光谱和空间特征丢失造成树种分类精度低的问题,使DBMF能够应用于林业科学管理领域(目标3)。

# 3.3 本章小结

本章提出了基于光谱循环卷积和空间沙漏模块的双分支特征提取树种分类算法。该算法有效地融合了Sentinel-2的高分辨率空间信息和HJ-1A的高分辨率光谱信息。光谱特征提取分支使用Bi-LSTM和三重注意机制算法,空间特征提取分支使用沙漏模块和基于归一化的一系列卷积计算去除冗余。从两个分支提取的特征通过混合目标函数精准指导网络反向传播,以防止过拟合和梯度消失。通过实验,该算法对白桦、落叶松、樟子松、山杨、柳木和云杉6个树种分类精度分别为85.58%、92.63%、88.08%、87.23%、85.02%和84.21%。对6个树种的分类结果明显优于其他算法。通过融合高光谱和多光谱数据对树种分类效果也明显优于单一树种分类结果,提出的算法总体精度达到91.84%,比单一树种分类精度高6%。该算法在计算效率方面比其他最快的方法节省近30分钟,因为沙漏模块在高维表示之间添加了快捷连接,并在高维特征空间中执行深度卷积,加速了反向传播。而且在 Bi-LSTM 递归运算时通过三重注意力机制,去除冗余特征的干扰,使模型计算更加有效。总体上,DBMF 特征提取的优势明显,提高了算法的整体分类效果。

# 第 4 章　基于 EfficientNet-Smish 的
模型分类

前一章基于深度学习的循环卷积神经网络和沙漏模块对多源树种进行分类,虽然取得了较好的分类效果,但是由于循环卷积计算增加了运算成本,本章的主要研究目的是提高树种分类效率。在大数据时代,传统的机器学习方法无法满足时效性、性能和智能的需求。深度学习已经显示出出色的信息处理能力。特别是在分类、识别和目标检测方面。基于深度学习可以形成更抽象的高级特征或属性特征,从而提高分类或预测的最终精度。卷积神经网络作为一种特殊的深度学习架构,可以准确地提取图像特征。它在学术界和实际工业应用中得到了广泛的应用,特别是在计算机视觉领域的不同领域。Hayit Greenspan 等提出了基于 CNN 和其他深度学习方法的医学图像分析的概述和未来前景。Masoud Mahdianpari 等人对最先进的深度学习工具进行了详细研究,利用多光谱 RapidEye 光学图像对复杂湿地类别进行分类,并研究了七个著名的深度卷积神经网络(DenseNet121、InceptionV3、VGG16、VGG19、Xception、ResNet50 和 InceptionResNetV2)在加拿大进行湿地测绘的能力。M Baccouche 等人提出了一种完全自动化的深度模型,该模型在不使用任何先验知识的情况下学习对人类行为进行分类。

卷积神经网络是一种非完全连接的多层神经网络,一般由卷积层(Conv)、下采样层(或池化层)和全连接层(FC)组成。首先,在卷积层上对原始图像进行多个滤波器的卷积,得到多个特征映射;然后下采样层对特征进行模糊处理。最后,通过全连接层获得一组特征向量。

在 CNN 模型的实际应用中,由于其结构复杂,还有很大的改进空间。许多研究者已经提出了许多有效的方法来提高 CNN 模型的识别结果。对图像分类方法也有一些研究。对于自适应学习率的设计也有一些研究。对于 dropout 层的设计也有其他的研究。这些方法都在一定程度上提高了卷积神经网络的表达能力。对于 CNN 模型来说,激活函数是其核心,它可以激活神经元的特征来解决非线性问题。适当的激活函数可以更好地映射维度上的数据。当网络具有线性性质时,函数的线性方程及其组合仅具有线性表达的能力,这将使网络的多层性失去意义。利用激活函数来增加神经网络模型的表达能力,可以使深度神经网络真正具有人工智能的意义。考虑到激活函数在卷积神经网络中的重要性,本文研究了激活函数对树种识别准确率的影响。

在深度学习研究初期,sigmoid 函数和 tanh 函数在卷积分类模型中被广泛使用,但它们都容易使卷积模型出现梯度扩散现象。ReLu 函数的出现有效地解决了上述问题,并且具有良好的稀疏性。Krizhevsky 等在 2012 年 ImageNet ILSVRC 竞赛中首次使用 ReLu 作为激活函数。在常用的激活函数中,ReLu 是其中最好的,但是这个函数也有一些缺点。由于该函数在负值处的梯度为零,CNN 模型中的神经元在训练过程中可能会出现"坏死"现象。2013—2015 年间,有研究者根据 ReLu 功能带来的"坏死"现象,提出了改进的激活函数,如:leaky ReLus、ELU、PReLu、tanh-ReLu 等。虽然上述改进函数在某些特殊领域取得了很大的成功,但本书在树种识别方面的识别效果并不理想。为了提高树种分类识别的效率,研究了激活函数在 CNN 模型中的影响及设计原则,提出了一种新的激活函数。在树种数据集上的实验结果表明,该激活函数的识别准确率明显高于常用的激活函数。在相同的学习速率下,新函数使模型比其他激活函数收敛得更快。

激活函数为深度学习网络提供了足够的能力进行复杂计算。Swish 因为其执行高效的优点在大数据和更深层的复杂网络中具有很大优势。Mish 非单调且可微,有下界无上界,其曲线几乎都是平滑的,能够将更多的有效信息转换到模型中,提高网络分类的准确率和泛化性能。最新提出的 Logish 与 Swish 类似,但性能更好,分类精度更高。

虽然上述激活函数在一些深度学习网络中取得了很大的成功,但在更复杂的网络中,特别是在树种分类方面结果并不理想。为了提高分类精度,受 Swish 和 Mish 激活函数的启发,本书提出了一个新的激活函数 Smish(名称由前面的两个激活函数而来),来解决深度学习网络中上述问题,其不仅能确保负激活和导数值,而且还能保持负输入的部分稀疏性和正则化效应。

# 4.1　非线性激活函数研究

合适的激活函数对提高基于深度学习模型的树种分类效率至关重要。现今较优秀的激活函数有 Mish 和 Logish。下面对其结构以及原理进行分析。

## 4.1.1　Mish 非线性激活函数

Mish 表示为:

$$f(x) = x \cdot \tanh[\ln(1+e^x)] \tag{4-1}$$

Mish 的导数公式表示为:

$$f'(x) = \frac{2}{\dfrac{1}{(e^x+1)^2}+1} + \frac{4xe^x}{(e^x+1)^3\left(\dfrac{1}{(e^x+1)^2}+1\right)^2} - 1 \tag{4-2}$$

如图 4-1 所示,Mish 曲线没有上界。因此,Mish 函数的正值可以达到和 Swish 函数相似的任何高度。ReLU 的连续阶数为 0,表明它不是连续可微的,很大概率会发生梯度消失。在 Mish 连续阶的导数是无穷大的,比 ReLU 更有优势。

## 4.1.2 Logish 非线性激活函数

Logish 激活函数和其导数表示如下：

$$f(x) = x \cdot \ln(1 + \text{sigmoid}(x)) \tag{4-3}$$

$$f'(x) = \ln\left(\frac{1}{e^{-x}+1}+1\right) + \frac{x \cdot e^{-x}}{(e^{-x}+1)^2 \cdot \left(\frac{1}{e^{-x}+1}+1\right)} \tag{4-4}$$

图 4-1 所示，Logish 的曲线与 Mish 非常相似，不存在正数的上限。从理论上讲，负值在 0 附近产生了一个连续可微的导数流，可以保持部分稀疏性。然后在 Sigmoid 函数中使用对数运算来减小值的范围，并生成平滑而稳定的曲线。负值被归一化，而正值趋向于线性。当 $x$ 减少时，通过删除输入值的一部分来保留不确定性特征，从而增加了它对其他输入的依赖。

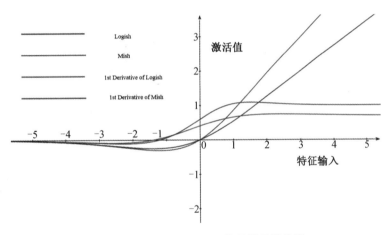

**图 4-1 Mish 和 Logish 函数及其导数曲线**

然而，在复杂的深度学习网络中，Mish 和 Logish 不能克服梯度消失和负值输入的问题，使网络的偏差增大，网络拟合速度减慢，导致模型的特征提取能力下降。根据对上述激活函数性质的研究，得出结论如下：

（1）当 $x>0$ 时，Mish 和 Logish 近似于线性函数 $f(x)=\alpha x$，当 $x<0$ 时近似于 0。这些特性使得网络更加稳定，方向传播计算更加容易。

（2）当 $x<0$ 时，导数不能全部归 0，有效地避免了梯度消失。

（3）当 $x>0$ 时，结构类似于 Mish，神经网络表现出稀疏性，降低了计算复杂度。

# 4.2　Smish 激活函数

## 4.2.1　表达式及其构造

通过以上对 Mish 和 Logish 函数的研究,针对他们的问题,本书提出了一种新的激活函数 Smish,它继承了 Logish 函数的非单调性质。类似于 Mish 和 Logish,Smish 是有下界无上界的可微函数,其中对数运算是为了缩小 S 型函数的取值范围,用 tanh 函数保证归一化曲线的平滑和稳定。同时,受 Mish 启发,将 x 与负输出正则化的值相乘,将正输出转化为简单的线性化。通过实验证实了 Smish 比 Mish 和 Logish 更适合于复杂网络的学习。Smish 特别适用于深度学习网络。该函数及其导数表达示如下:

$$f(x) = x \cdot \tanh[\ln(1+\text{sigmoid}(x))] \tag{4-5}$$

$$f'^{(x)} = \frac{e^x \cdot (15 \cdot e^{3x} + (8x+28)e^{2x} + (12x+18)e^x + 4x+4)}{(5e^{2x} + 6e^x + 2)^2} \tag{4-6}$$

Smish 函数与 Logish 函数曲线初期一致,采用 sigmoid(x)减小取值范围,通过对数计算使曲线平滑。然后 Smish 将其 tanh 操作同时乘 x,从而实现负输入的正则化功能;而相反方向上,正值曲线趋于更简单的线性表达式。图 4-2 显示了 Smish 及其导数曲线。

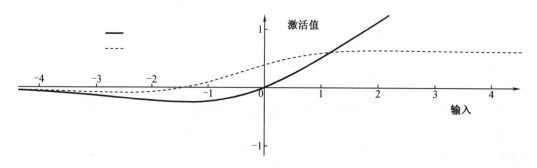

**图 4-2　Smish 激活函数及其导数曲线图**

与 Mish 和 Logish 类似,Smish 有下界,无上界,其范围为 $[-0.25, +\infty]$。Smish 的最小值约为 -0.25,输入值为 -1.3945。这种机制类似于深度循环卷积的长短期记忆中的自控门,在复杂模型中分离特征更加轻便。而且容易替换其他激活函数,因为只是对输入值的转换和输入的标量转换。当 $x < -12.427$ 时,Smish 效果基本与 ReLU 相同。深度学习网络可以使用 Smish 激活函数轻松定制激活层。例如,在 TensorFlow 框架中,代码为 Kerasx * K. Tanh(K. log(1+K. sigmoid(x))),而在 Torch 中代码为 x * Torch. tanh(Torch. log(1+Torch. sigmoid(x))),实验中设置学习率为 le-4 更合适。公式(4-5)和公式(4-6)以及图 4-2 表明,Smish 和 Mish 的简化公式为指数型。当 $x$ 趋于无穷时,Mish 更接近 x,而 Smish 更接近

于 $\dfrac{2^2-1}{2^2+1}x$。

### 4.2.2 类线性变换

随着网络模型深度的增加,输出值与近似线性的激活函数值变化不大。公式(4-7)证明了 Smish 约为 $0.6x$。由于网络的近似线性变换特性,Smish 更加稳定,便于梯度反向传播。

$$f(x) = x \cdot \left( \frac{2}{1+e^{-2 \cdot \ln(1+\frac{1}{1+e^{-x}})}} - 1 \right) = x \cdot \frac{\left(1+\frac{1}{1+e^{-x}}\right)^2 - 1}{\left(1+\frac{1}{1+e^{-x}}\right)^2 + 1} = \frac{3}{5}x = 0.6x \tag{4-7}$$

Smish 通过使用上述计算减少了计算复杂度。其对 $x$ 的导数是 $0.6x$。Mish 和 ReLU 的导数趋于 1,而 Smish 的导数低于 Logish,因此与其他函数相比,其增长趋势更为平缓。因此,Smish 在深度学习网络中激活性能更加稳定。

### 4.2.3 非线性特性

好的激活函数不应该存在梯度消失,即使负值应该也有正则化作用。在图 4-2 中,Smish 满足良好激活函数的所有属性。因此,对于深度学习网络来说,Smish 是一个很好的选择。此外,Smish 的非单调性保证了负训练的稳定性,提高了表达性能。根据柯西定理,假设 $f(-2.5)=f(-0.63)$,则必定有 $x, x \in [-2.5, -0.63], f'(x)=0, x=-1.3945$。Smish 在 $(-\infty, -1.3945)$ 范围内单调递减,在 $(-1.3945, -\infty)$ 范围内单调递增。因此,Smish 在 $(-\infty, +\infty)$ 下是非单调的,可以提高网络学习和梯度变换的能力。

## 4.3 EfficientNet-Smish 模型及超参微调

本节针对 Smish 函数,选取轻量模型 EfficientNet 作为网络主干,对深度学习模型的常用超参进行实验。这些参数包括批量大小、学习率、损失率、优化器和正则化方法等。为了更好地反映激活函数的性能,模型采用了 20 个卷积层和 2 个池化层。所有实验在 MNIST、CIFAR10 和 SVHN 数据集上进行实验和评价。

### 4.3.1 EfficientNet-Smish 模型

与传统的方法不同,EfficientNet 使用一组固定的缩放系数来缩放网络的维度,如宽度、深度和分辨率。实际上,扩展单个维度可以提高模型的性能,但是平衡好网络的所有维度与可用资源之间的关系可以有效地提高模型的整体性能。与其他达到类似 ImageNet 精度的模型相比,EfficientNet 要小得多。在本章中,本书提出了一种基于 EfficientNetB3 型的有效方法。本书选择 EfficientNetB3,因为其在计算资源和准确性之间提供了一个很好的折中方案。

EfficientNetB3 是一种网络架构,它提供了一种新的缩放方法,可以均匀缩放网络深度、宽度和分辨率的所有维度。该体系结构采用网格搜索策略,在固定的资源约束下,找出不同基本网络伸缩维度之间的关系。通过应用该策略,可以为每个待缩放的维度调整合适的缩放系数。利用这些系数,网络结构就会被调整到合适的大小。

EfficientNetB3 模型中的激活函数为 Swish,EfficientNet–Smish 模型只需将 EfficientNetB3 中的 Swish 换成 Smish 即可进行实验。

## 4.3.21　层数微调

为了观察在 EfficientNet 上使用 Smish 激活函数的网络层效应,本书在相同条件下,在 MNIST 数据集上以每层 500 个神经元训练不同深度的全连接网络。实验没有使用深度残差模型,因为网络深度对训练结果的影响很小。在本节中,使用了 BatchNorm 来减少对初始化的依赖,并将丢弃率设置为 25%。采用随机梯度下降法(Adam)对网络进行优化,批量大小为 128,准确率最高(在随后的小节中得到证明)。出于实验的公平性,每个模型都使用相同的学习率。由图 4–3,网络层数为 15 时,所有激活函数分类精度相差不大。但是,随着层数的缓慢增加,ReLU 精度急剧下降,Swish 在 21 层时下降明显。总之,Smish 在网络中的表现优于其他 4 种激活(图 4–3)。

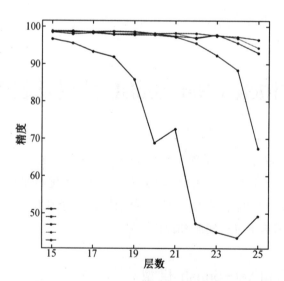

**图 4–3　在 MNIST 数据集下五种激活函数随层数变化的精度图**

### 4.3.3 批量微调

批量是指在每个训练周期中选择训练样本的数量,它是影响模型实验结果的重要因素之一。一般来说,随着批量的增加,梯度下降变化更准确;然而,梯度也容易消失。相反,如果批量减小,训练时间就会变长。在本书的研究中,条件设置如下:CIFAR10 数据集;周期为 100;learning_rate=0.000 1;dropout=0.8。所有网络参数保持一致,批量分别设置为 16、32、64、128、256、512 和 1 024($2^{x=4,5,6,7,8,9,10}$),对 5 种激活函数进行实验。实验结果如图 4-4,当批量为 128 时,所有激活函数的效果都达到了峰值,其中 Smish 在 CIFAR10 上获得了最佳性能。在整个实验过程中,Smish 始终优于其他激活函数。

对于深度学习,训练时长也是一个重要的因素,本书还对几种激活函数的训练时长也进行了测试,如图 4-5 所示。以 Smish 为激活函数,当批量为 128 时,耗时最短,准确率最高。其他值都会消耗更多的时间。因此,在随后的实验中,批量都设置为 128。

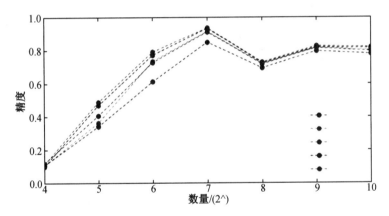

**图 4-4 CIFAR10 上的块大小的精度图**

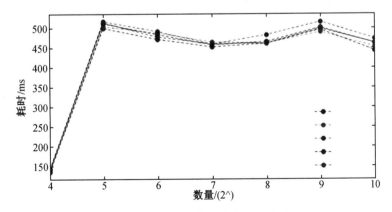

**图 4-5 CIFAR10 上的块大小的训练时长图**

### 4.3.4 学习率微调

学习率在深度学习模型的优化中也起着重要的作用,而学习率的取值总是不确定的。实验中,分别对学习率从 1e-1 到 1e-7 进行了测试。如图 4-6 所示,ReLU 最初精度最高。但总体上,Smish 总体表现最好(0.91)。Logish 在学习率为 1e-3 时表现最好,但其仍然低于 Smish。随后,随着学习速率的降低,所有函数的精度都表现为下降趋势,其中 ReLU 精度最低。这些结果表明,在较高的学习速率下,Smish 的表现明显优于其他激活函数。因此在后续实验中,Smish 学习速率设置为 1e-4。

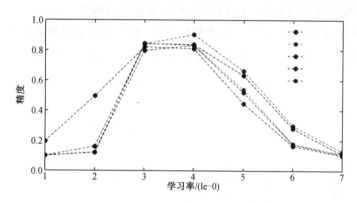

图 4-6　5 种激活函数的学习率 vs 精度图

### 4.3.5 丢弃率微调

Dropout 算法通过调整模型深度来减少过拟合。在模型训练过程中,每次迭代都会从样本中随机选取部分样本直接丢弃。Dropout 层对隐藏层的一些特征进行处理,然后正则化而抑制过拟合。该算法经常应用于自然语言处理、计算机视觉、模式识别等领域。本节对参数 Dropout 分别从 0.1 到 0.9 进行测试,实验结果如图 4-7 所示。总的来说,Dropout 对模型的精度影响不大。Smish 的执行效率比其他激活函数稍高,Dropout 为 0.2,效果最好。

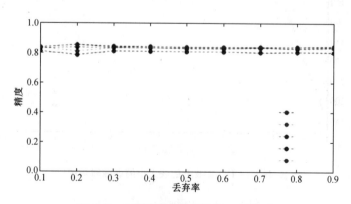

图 4-7　5 种激活函数的精度 vs 丢弃率

## 4.3.6 优化器选择

优化器作为深度学习模型的一个重要部分,其能够提升模型性能。在深度学习中,其中的一项任务就是选择合适的优化器。本节选择了 Adadelta、Adagrad、Adam、rmspprop 和 SGD 几种常用优化器进行对比实验,结果如图 4-8。Smish 使用 Adam 的精度为 0.9,使用 RMSprop 的精度为 0.83,优于其他激活函数。Logish 对 Adam 的精度为 0.84,其他几个激活函数对 Adam 的精度高于 0.8。因此,Smish 性能都要优于其他激活函数。Adam 通过计算梯度的一阶矩估计和二阶矩估计而为不同参数单独设置学习率,其能够解决梯度稀疏和目标不平稳的问题,而且占用内存小,速度快,比较适合复杂模型的训练。所以后面章节的多源树种分类模型采用 Adam 算法进行优化。

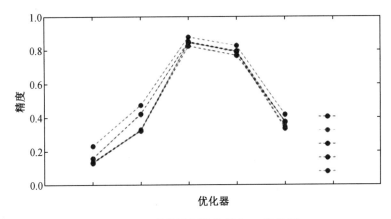

图 4-8  5 种激活函数的精度 vs 优化器

表 4-1  不同 $\alpha$ 和 $\beta$ 值下 Smish 激活函数的训练时间、精度和损失

| $\alpha$ | $\beta$ | 耗时/ms | 损失率/% | 精度 |
| --- | --- | --- | --- | --- |
| 20 | 1 | 1 664.879 851 | 2.09 | 0.31 |
| 15 | 1 | 1 657.337 511 | 2.08 | 0.32 |
| 10 | 1 | 1 688.491 895 | 2.05 | 0.35 |
| 5 | 1 | 1 683.588 445 | 1.36 | 0.62 |
| 0.1 | 1 | 1 697.313 161 | 1.27 | 0.79 |
| 0.01 | 1 | 1 719.354 016 | 1.11 | 0.81 |
| 0.005 | 1 | 1 708.812 285 | 2.10 | 0.29 |
| 0.001 | 1 | 1 718.249 439 | 2.10 | 0.29 |
| 1 | 20 | 1 722.055 284 | 1.05 | 0.71 |
| 1 | 15 | 1 723.015 788 | 1.03 | 0.72 |

表 4-1（续）

| $\alpha$ | $\beta$ | 耗时/ms | 损失率/% | 精度 |
|---|---|---|---|---|
| 1 | 10 | 1 717.969 835 | 1.05 | 0.75 |
| 1 | 5 | 1 727.269 962 | 1.08 | 0.85 |
| 1 | 1 | 1 724.575 549 | 0.87 | 0.90 |
| 1 | 0.5 | 1 717.444 711 | 1.03 | 0.83 |
| 1 | 0.1 | 1 725.162 607 | 0.92 | 0.81 |
| 1 | 0.05 | 1 730.499 959 | 1.00 | 0.79 |
| 1 | 0.01 | 1 731.330 632 | 1.10 | 0.75 |

### 4.3.7 系数微调

本节验证 $f(x)=\alpha x \cdot \tanh[\ln(1+\mathrm{sigmoid}(\beta x))]$ 中 $\alpha$ 和 $\beta$ 参数对实验模型的影响。表4-1 显示了所选模型的训练时间、测试样本的损失值以及 $\alpha$ 和 $\beta$ 不同值的测试精度。

实验结果如表 4-1 所示,当 $\beta=1$,$\alpha>1$ 时,$\alpha$ 值越小,精度越高。当 $0<\alpha<1$ 时,精度随 $\alpha$ 的降低而降低。当 $\alpha=1$ 和 $\beta>1$ 时,准确度与 $\beta$ 的增加成反比。当 $0<\beta<1$ 时,$\beta$ 值越小,精度越低。$\alpha$ 和 $\beta$ 均为 1 时,精度最高。因此,在随后的实验中,$\alpha$ 和 $\beta$ 都被设置为 1。

# 4.4 EfficientNet-Smish 模型实验与分析

本章分别对使用了 Smish 激活函数的 EfficientNetBX($X=3,5,6,7$)4 代模型进行实验,实验数据采用 MNIST、CIFAR10 和 SVHN 3 个公开数据集。然后,选取效果最好的一代轻量模型作为网络主干,完成后面章节的多源树种分类任务。

### 4.4.1 数据集和实验设置

所有模型在 MNIST、CIFAR10 和 SVHN 数据集上进行训练和测试。MNIST 数据集包含 60 000 个训练样本和 10 000 个测试样本,它们被分为 10 个类别,即"0-9",10 个阿拉伯数字。CIFAR10 数据集包含 50 000 个训练样本和 10 000 个测试样本,这些照片是 32×32 的 RGB3 通道图像。SVHN 数据集来源于 Street View House Number(SVHN)数据集,图像类别同 CIFAR10。训练样本包含 73 257 位数字,26 032 位测试数字,以及 531 131 位额外数字。所有实验环境同 3.2.1 节,参数设置:batch_size = 128; learning_rate = 0.000 1; epoch = 100; Optimizer = Adam。训练流程如下。

从文献中得知,数据增强并不会影响所有模型的实验结果,反而会增加计算成本。因此,本书在实验中,没有对初始化数据进行增强。另外,考虑到EffcientNet已经被大量的文献证明,其在图像深度学习方面具有更大的优势,本书选择了四种EffcientNet模型进行实验,分别为EfficientNetB3、EfficientNetB5、EfficientNetB6、EfficientNetB7。

## 4.4.2 CIFAR10分类

通过激活函数ReLU、Swish、Mish、Logish和Smish得到CIFAR10上的分类结果如表4-2所示。5个函数分别在EfficientNetB3、B5、B6和B7网络上进行训练。在CIFAR10上的任何模型中,Smish始终优于其他4个激活函数。在EfficientNetB3中,Smish比Logish高0.02,相对于Mish提高了0.03。EfficientNetB5和EfficientNetB7的改进不明显,但Smish优于其他几种方法。EfficientNetB5-EfficientNetB7的Smish分类准确率为0.85,与其他激活函数相比,它可以广泛应用于复杂模型。实验中精度与损失变化,分别如图4-9和4-10所示。与其他激活函数相比,Smish损失率最低,并且在任何阶段都始终保持最高的精度。

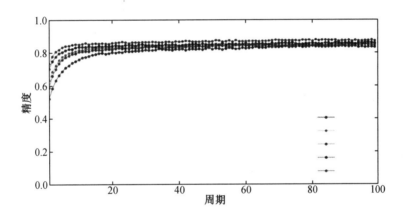

**图4-9 5个激活函数对CIFAR10分类的精度 vs 周期**

**表4-2 5种激活函数的EfficientNetBX模型对CIFAR10训练的正确率**

| 模型 | EfficientNetB3 | EfficientNetB5 | EfficientNetB6 | EfficientNetB7 |
|---|---|---|---|---|
| ReLU | 0.81 | 0.81 | 0.83 | 0.83 |
| Swish | 0.82 | 0.84 | 0.84 | 0.85 |
| Mish | 0.82 | 0.83 | 0.84 | 0.85 |
| Logish | 0.83 | 0.84 | 0.85 | 0.85 |
| Smish | 0.85 | 0.85 | 0.86 | 0.86 |

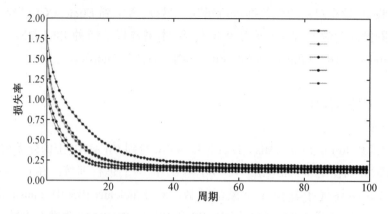

**图 4-10　CIFAR10 上的 5 个激活函数中的损失率 vs 周期**

### 4.4.3　MNIST 分类

　　MNIST 数据集上实验结果如表 4-3 所示, Smish 的性能优于其他 4 种激活函数。在 EffecentNetB3 中, Smish 相对于 Logish 提高了 0.05, 相对于 Mish 提高了 0.5。EffecentNetB6 和 EffecentNetB7 在 CIFAR10 上的结果相似。因此, 对于更复杂的模型, 增加参数并不是很有效。然而, Smish 的效果比其他 4 种激活函数更好, 其精度为 0.99。从 Smish 的损失率和精度值曲线, 始终优于其他 4 种激活函数(分别如图 4-11 和图 4-12 所示)。

**表 4-3　模型在 MNIST 数据集下不同激活函数的准确率**

| Model | EfficientNetB3 | EfficientNetB5 | EfficientNetB6 | EfficientNetB7 |
|---|---|---|---|---|
| ReLu | 0.56 | 0.12 | 0.98 | 0.99 |
| Swish | 0.91 | 0.75 | 0.98 | 0.99 |
| Mish | 0.39 | 0.18 | 0.98 | 0.99 |
| Logish | 0.92 | 0.78 | 0.99 | 0.99 |
| Smish | 0.97 | 0.96 | 0.99 | 0.99 |

### 4.4.4　SVHN 分类

　　最后比较了 5 个激活函数在 SVHN 数据集上的分类精度。在 4 个轻量模型中, Smish 取得了最高的精度(表 4-4)。在 EfficientNetB3 中, Smish 相对于 ReLU 和 Logish, 精度提高了 0.05。从表中看出, 对于 EfficientNetB7 模型, 应用 Smish 激活函数较 Logish 提高 6 个百分点, 较 ReLU 和 Swish 两个激活函数提高了 7 个百分点, 比 Mish 提高 20%。而且由图 4-13 训练精度变化图和 4-14 训练损失变化图可知, 激活函数 Smish 分类效果明显优于其他几个激活函数。

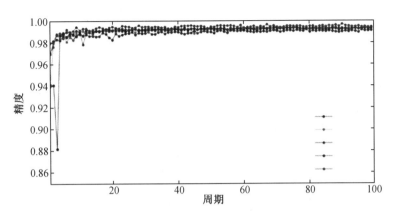

图 4-11 5 种激活函数对 MNIST 的周期 vs 精度

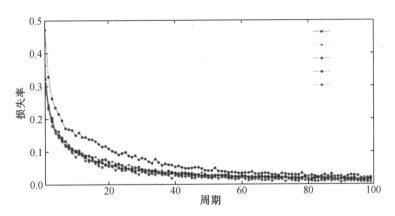

图 4-12 5 种激活函数对 MNIST 的损失率 vs 周期

表 4-4 模型在 SVHN 数据集下不同激活函数的准确率

| 模型 | EfficientNetB3 | EfficientNetB5 | EfficientNetB6 | EfficientNetB7 |
|------|------|------|------|------|
| ReLu | 0.82 | 0.85 | 0.85 | 0.19 |
| Swish | 0.86 | 0.88 | 0.84 | 0.19 |
| Mish | 0.86 | 0.88 | 0.83 | 0.77 |
| Logish | 0.86 | 0.89 | 0.89 | 0.84 |
| Smish | 0.87 | 0.90 | 0.90 | 0.90 |

## 4.4.5 树种分类

为了验证提出方法的有效性,分别用 Relu、Swish、Mish、Logish 和 Smish 5 种非线性激活函数的轻量模型对树种进行特征提取,然后进行树种分类。

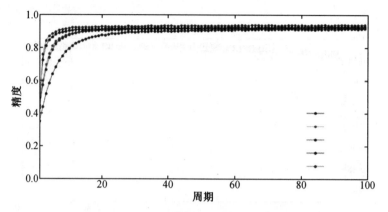

图 4-13　5 种激活函数对 SVHN 的精度 vs 周期

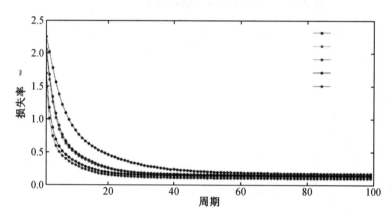

图 4-14　5 种激活函数对 SVHN 的损失率 vs 周期

　　表 4-5 为 5 种非线性激活函数的轻量模型对树种分类的实验结果,训练耗时为批次训练耗时,其中,ReLu 训练耗时最短,但是其损失率也最高,精度最低。而 Smish 在树种分类实验中,耗时比 Logish 稍长,但损失率相比其他 4 种激活函数最低,而分类精度最高。图 4-15 和图 4-16 分别为训练周期与测试样本正确率和损失率变化曲线图,由实验结果看出,随着训练迭代次数的增加,损失率降低,精度上升。其他 4 种模型中,Logish 分类效果最佳,但使用 Smish 算法的准确率要比使用 Logish 高出 4%。损失率比 Logish 低 7%。总体上对树种的分类实验,Smish 取得了最佳的分类效果。当迭代到 100 次时,5 种函数损失率和正确率基本趋于稳定,Smish 收敛速度最快。虽然 Smish 耗时稍高于 Logish,但从精确度和损失率角度考虑,是比较适中的选择。

表 4-5　分别用 5 种激活函数的特征提取模型在树种数据集下的实验结果

| 非线性激活函数 | 训练耗时/ms | 损失率 | 精度 |
| --- | --- | --- | --- |
| ReLu | 6 069. 32 | 0. 35 | 0. 74 |
| Swish | 6 694. 07 | 0. 31 | 0. 83 |
| Mish | 6 732. 36 | 0. 30 | 0. 84 |

表 **4-5**(续)

| 非线性激活函数 | 训练耗时/ms | 损失率 | 精度 |
|---|---|---|---|
| Logish | 6 786.82 | 0.28 | 0.85 |
| Smish | 6 839.04 | 0.20 | 0.88 |

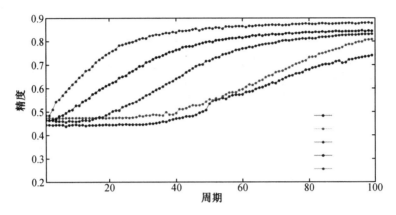

**图 4-15　基于五种激活函数的轻量模型对于树种分类的测试精度图**

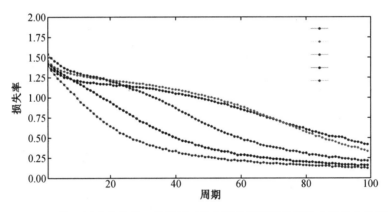

**图 4-16　基于树种分类的五种激活函数轻量模型训练的损失率迭代曲线图**

　　表 4-6 分别表示应用了 5 种激活函数的轻量模型对 6 个树种的分类精度。对 2.2.4 节的 3 个数据集分类结果如图 4-17 至图 4-18 所示,其中,GT 表示地面真值数据,RGB 为彩色数据。本书所提出的 ESDNet 模型对全部 6 个树种的分类都取得了最高的精度,其中白桦的分类精度基本达到了 87% 以上,落叶松达到了 89% 以上,其他几种类别也高于 73%。落叶松样本数最多,分类精度最高,因此提高了整体的分类正确率。其他几种类别相对样本数少,虽然个别树种不到 80%,对模型的整体分类精度影响稍小。山杨、柳木和云杉识别率低,因为其错分率稍高,但是相比其他 4 种分类算法,使用了 Smish 轻量模型的识别率最高。

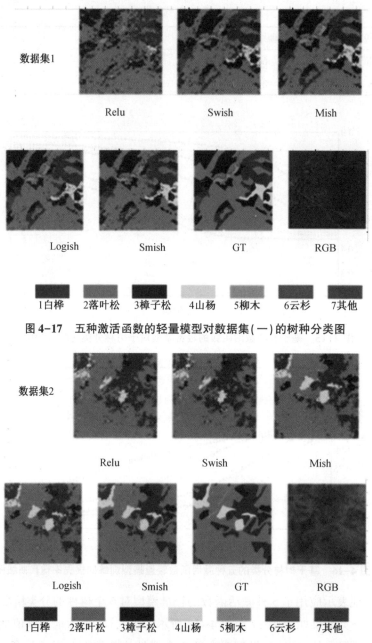

数据集1

Relu　　　　　　　Swish　　　　　　　Mish

Logish　　　　　Smish　　　　　　GT　　　　　　RGB

1白桦　　2落叶松　　3樟子松　　4山杨　　5柳木　　6云杉　　7其他

图4-17　五种激活函数的轻量模型对数据集(一)的树种分类图

数据集2

Relu　　　　　　　Swish　　　　　　　Mish

Logish　　　　　Smish　　　　　　GT　　　　　　RGB

1白桦　　2落叶松　　3樟子松　　4山杨　　5柳木　　6云杉　　7其他

图4-18　五种激活函数的轻量模型对数据集(二)的树种分类图

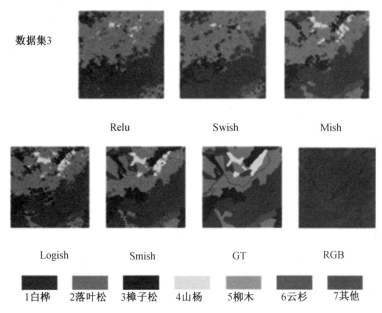

图4-19 五种激活函数的轻量模型对数据集(三)的树种分类图

表4-6 五种激活函数的轻量模型树种分类精确度 （单位:%）

|  | Relu | Swish | Mish | Logish | Smish |
|---|---|---|---|---|---|
| 白桦 | 64.12 | 80.12 | 81.18 | 83.26 | 87.13 |
| 落叶松 | 77.24 | 85.25 | 85.27 | 86.48 | 89.23 |
| 樟子松 | 71.38 | 76.11 | 82.15 | 83.19 | 86.17 |
| 山杨 | 64.23 | 72.01 | 71.09 | 72.53 | 77.02 |
| 柳木 | 45.05 | 68.74 | 70.17 | 71.95 | 74.27 |
| 云杉 | 32.91 | 68.26 | 70.52 | 70.43 | 73.61 |

# 4.5 基于深度交叉注意模块的多源特征融合

在 HSI 和 MSI 融合过程中,本章采用了深度交叉注意模块(Depthwise Cross Attention Module,DCAM),增强相关性强的特征,抑制相关性差的特征。在 HSI 和 MSI 融合过程中,为了强调两种数据之间的信息交互,通过注意力机制的空谱联合增强邻域像素的相关性,使用交叉注意模块对特征进行加权以实现自相关,然后通过深度交互进一步实现互相关,在深度相关层挖掘 HSI 和 MSI 特征输入的相关性,减小全连接层中的参数量,减小计算模型压力。以 $Cm$ 为例,$F_m$ 为 MSI 特征,$F_h$ 为 HSI 特征,深度交叉注意力机制如图4-20所示。其中通过全局平均池(Global average pooling,Gap)首先在空域中压缩相关映射 $Cm$。全局特征描述符 $Cg \in \mathbb{R}^{n \times 1}$。然后将特征描述符输入两个 2D-Conv 层以生成内核。内核 $K$ 表示为：

$$K = W_2 \cdot \sigma_r(W_1 C_g) \tag{4-8}$$

其中 $W_1 \in \mathbb{R}^{(n/\gamma) \times n}$ 和 $W_2 \in \mathbb{R}^{(n/\gamma) \times n}$ 表示核尺寸为 1×1 的 2D-Conv 层的权重，$\gamma$ 表示还原率。这里，2D-Conv 用于自适应地调整相关图中通道的权重。$\gamma = 9$ 用于减少参数。引入 $\gamma$，两个二维 Conv 层的参数变为 $(2n^2/\gamma)$。很明显参数量减少为 $2/\gamma$。$\sigma_r$ 为 ReLU 函数。$K \in \mathbb{R}^{n \times 1}$ 为对 HSI 深度交叉注意力计算的内核。非互斥关系由 $V = \sigma_{so}(K^T C_m)$ 得到，其中 $\sigma_{so}$ 是 Softmax 函数。这里，一个更多的特征表示为 $V \in \mathbb{R}^{h \times n}$。最终的优势特征映射 $F_m'$ 由残差注意机制计算：

$$F_m' = F_m \cdot V + F_m \tag{4-9}$$

$$F_h' = F_h \cdot V + F_h \tag{4-10}$$

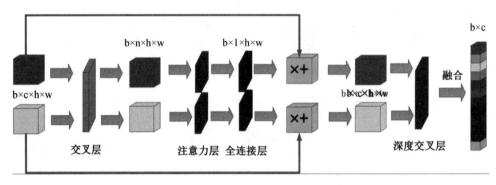

**图 4-20　深度交叉注意力机制原理图**

互相关特征 $F_{h-m}$ 从 $F_h' \in \mathbb{R}^{b \times c \times h \times w}$ 到 $F_m' \in \mathbb{R}^{b \times c \times h \times w}$ 由群卷积算子计算。通过卷积核（根据 $F_m'$）实现从 $F_h'$ 到 $F_m'$ 的深度计算，反向计算亦然。使用批次中的特征计算互相关信息，生成集成特征 $F$。$F_m'$ 首先将 $m$ 维度调整为 $[b \times c, 1, h, w]$ 作为卷积核。其中，$b \times c$ 是卷积核的数量，$h \times w$ 是核的大小。然后 $F_h'$ 被维度调整为 $[1, b \times c, h, w]$ 作为输入特征，其中，$b \times c$ 表示特征的数量，$h \times w$ 表示输入特征的大小。然后，$F_{h-m}$ 计算为

$$F_{h-m} = F_h' * F_m' \tag{4-11}$$

其中，'＊'表示群卷积算子，算子的数量为 $b \times c$。同理，$F_{m-h}$ 表示特征维度从 $F_m' \in \mathbb{R}^{b \times c \times h \times w}$ 到 $F_h' \in \mathbb{R}^{b \times c \times h \times w}$。把 $F_m'$ 维度调整为 $[b \times c, 1, h, w]$ 作为卷积核，然后维度调整为 $[1, b \times c, h, w]$ 作为下一层的输入，$F_{h-m}$ 计算公式为

$$F_{m-h} = F_m' * F_h' \tag{4-12}$$

因此，多源特征 $F = F_{m-h} = F_{h-m}$ 通过参数优化进行集成。DCAM 鼓励 HSI 和 MSI 特征的交互。通过注意机制，强自相关特征被加强，弱自相关特征被弱化。深度相关层进一步增强相关性，以集成 HSI 和 MSI 特征。

# 4.6 基于 ESDNet 的树种分类

## 4.6.1 总体网络

针对多源树种分类耗时的问题,本书提出了 EfficientNet-Smish-DCAM(简写 ESDNet)模型,HSI 作为高光谱输入,MSI 为多光谱输入。在对多源遥感数据进行预处理时,先对其校正。提取期望的 HSI 特征,使所有 HSI 波段联合重建特征图,最大限度地减少光谱失真。与其他网络相比,其计算量更少,复杂度低。

将 HSI 数据输入模型,通过双线性插值算法对重采样,使其空间分辨率与 MSI 相同,实验数据以 HSI 为主要输入,MSI 为辅助输入,利用插值算法对 MSI 在同一像素处进行插值,两数据源通过 EfficientNet-Smish 提取特征。为了充分利用两种数据信息互补性,通过深度交叉注意模块(DCAM)增强异质特征之间的相关度。ESDNet 首先根据多源特征在同一空间位置的相关性生成注意力图,强调强相关信息,抑制弱相关信息。然后,设计相关深度来探索特征之间的关联程度。通过上述方式,多源特征被深度集成,而不是串联或平均。因此,使用交叉注意图对特征进行加权先实现自相关,然后通过深度交互进一步实现异质互联增强相关性,以整合多源特征,提高有效特征被高效利用的可能性。提取的特征最后传递到全连接层,然后通过 Softmax 输出分类图,过程如图 4-21 所示。

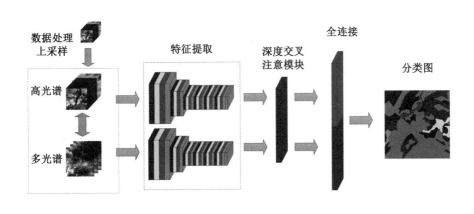

EffcientNetB3-smish模块

**图 4-21 EfficientNet-Smish 树种分类模型**

目标函数设计分成两个部分。先是以端到端的形式进行像素级的 Softmax 函数运算,然后采用交叉熵函数进行损失计算：

$$P_l = \frac{\exp(a_l(x))}{\sum\limits_l^C \exp(a_l(x))} \tag{4-13}$$

$$L_1 = -\frac{1}{n}\sum_{i=1}^n \sum_{k=1}^C y_i^k \log(P_i^k) \tag{4-14}$$

式中　$n$——批量大小；

　　　　$y_i$——标签；

　　　　$P$——softmax 之后的预测概率；

　　　　$C$——树种类别总数。

DCAM 中，标签空间中的判别损失是为了强化不同类别之间的优势特征。首先计算两个向量的余弦相似性，此外，然后通过 Sigmoid 函数得到相似度的概率值。同一类的两个向量的概率值应最大化，反之亦然。通过该模式增强不同标签的特征识别的性能。判别损失计算如下：

$$H = (h_1, h_2 \cdots h_n)$$
$$M = (m_1, m_2 \cdots m_n) \tag{4-15}$$

$$\cos\theta^{h,m} = \frac{\sum\limits_{i=1}^n (h_i \times m_i)}{\sqrt{\sum\limits_{i=1}^n (h_i \times h_i)} \times \sqrt{\sum\limits_{i=1}^n (m_i \times m_i)}} \tag{4-16}$$

$$L_2 = \frac{1}{n^2}\sum_{i,j=1}^n \left(\log(1 + e^{\cos\theta_{i,j}^{h,m}}) - \delta_{i,j}\cos\theta_{i,j}^{h,m}\right) \tag{4-17}$$

其中，$H$ 为从高光谱数据源提取的特征向量，$M$ 为从多光谱数据源提取的特征向量，$\cos\theta$ 为 $H$ 和 $M$ 的余弦相识度，$\delta_{i,j}$ 为 $H$ 和 $M$ 的逻辑回归函数。模型总损失函数为：

$$L = L_1 + L_2 \tag{4-18}$$

具体模型算法如算法 4-1。

**算法 4-1　ESDNet 算法**

---

输入：高光谱数据 HSI 和多光谱数据 MSI

---

输出：树种分类图

1. 根据多光谱分辨率，上采样双线差值 HSI

2. 同时从 HSI 和 MSI 提取特征 Fh 和 Fm

3. 通过 DCAM 对特征增强计算

4. 使用全连接+Softmax 分类器对增强特征进行分类

5. 通过公式 4-18 计算分类结果和树种真值标签的损失

6. 通过 Adam 优化器重复 3-5 步

7. 返回树种分类图

---

## 4.6.2 实验设置

由 4.4 实验,Smish 的参数设置:批量为 128;学习速率为 le-4;丢弃率为 0.2;优化器为 Adam。ESDNet 模型的详细参数如表 4-7 所示,其中显示了 MBConv 块的整体顺序以及使用的其他层结构。其中,BN 表示 BatchNormalization 层,GAP 代表全局平均池层,FC 代表全连接层,MBConv1 仅在模型开始时使用,而 MBConv6 随后使用。MBConv6 块可以使用不同的内核大小(3×3 和 5×5)。

表 4-7 ESDNet 模型中的详细层和块

| HSI 通道 | | | MSI 通道 | | |
| --- | --- | --- | --- | --- | --- |
| Layer | Kernel Size | Output | Layer | Kernel Size | Output |
| Input | | (500×500×12) | Input | | (500×500×3) |
| Conv3×3+BN+Smish | (3,3) | (7×7×12) | Conv3×3+BN+Smish | (3,3) | (7×7×3) |
| MBConv1 | (3,3) | (7×7×12) | MBConv1 | (3,3) | (7×7×3) |
| MBConv6 | (3,3) | (7×7×12) | MBConv6 | (3,3) | (7×7×3) |
| MBConv6 | (5,5) | (7×7×12) | MBConv6 | (5,5) | (7×7×3) |
| MBConv6 | (3,3) | (7×7×12) | MBConv6 | (3,3) | (7×7×3) |
| MBConv6 | (5,5) | (7×7×12) | MBConv6 | (5,5) | (7×7×3) |
| MBConv6 | (3,3) | (7×7×12) | MBConv6 | (3,3) | (7×7×3) |
| MBConv6 | (5,5) | (7×7×12) | MBConv6 | (5,5) | (7×7×3) |
| Conv3×3+BN+Smish | | | (1×60) | | |
| DCAM | | | | | |
| FC | | | | | |

在多源特征提取过程中,本书选择了 EfficientNetB3 模型。通过移除 EfficientNetB3 的最后一个全连接层,并使用前一层的输出作为特征向量。对于添加的分类层,随机初始化其权重矩阵。Conv3×3+BN+Smish 表示"卷积层+归一化层+Smish 激活层",在特征提取的开始和结束使用了该模块,然后通过深度交叉卷积计算优势特征,消除弱特征值。最后将特征传给全连接层然后通过 Softmax 层输出分类图。

实验数据从 2.2.4 节的 3 个树种数据集随机取样,其中 70%训练集、30%测试集,评价指标同 2.4 节。使用算法 4-1 训练模型,使用公式 4-18 计算损失函数。对整个模型进行100 次迭代训练,最后对整体图像输入进行预测输出分类全图。

## 4.6.3 对比实验

为了进一步验证提出的 ESDNet 模型的高效性,基于 3 个森林树种数据集对 ESDNet 模型进行对比实验。所有实验都是基于特征提取网络实现的。本书在森林树种数据集分别定量以及定性地对 ESDNet 网络进行性能评估。将 ESDNet 与几个优秀的网络模型进行了比较,包括 SVM、ContextCNN(简写 C-CNN)、Two-branch CNN(简写为 TB-CNN)和 DFINet。C-CNN 利用局部空间谱关系来探索最佳的语义间相互关联信息。TB-CNN 是基于多源数据设计的 1-D、2D-CNN 和级联层结构模型。DFINet 模型基于湿地数据,通过一致性损失、判别损失和分类损失进行训练优化,在湿地研究领域取得了很好的成绩。

表 4-8 展示了五种模型的树种分类实验的 OA、AA 和 Kappa 值。HSI 表示 HJ-1A,MSI 表示 Sen-2。HSI 和 MSI 分别表示仅通过 HSI 和仅通过 MSI 获得的分类结果。"H+M"表示 HSI 和 MSI 整合的分类。当仅使用 MSI 进行分类时,很难获得希望的结果,这表明 MSI 不能完全支持更详细的分类。引入 HSI 后,丰富的光谱信息为分类提供了更详细的特征。对于 SVM 来说,HSI 和 MSI 的融合分类把识别率从 MSI 的 37% 提高到 45%,对于 C-CNN 从 43% 提高到 49%,TB-CNN 也把单一识别率提高到 64%,DFINet 提高到 83%,而本书所提出的 ESDNet 平均精度也提高了近 7%,由此看出多源分类明显优于单一数据源树种分类。由图 4-22 至 4-24 基于卷积神经网络的方法生成更清晰的完整分类图,其中 GT 表示地面真值数据,RGB 为彩色数据。SVM 同上一章类似,仅识别出落叶松和白桦。对于 C-CNN 而言,生成的分类图中的一些不合理分布降低了分类性能。ESDNet 在大多数类别中都表现出最佳的分类效果。

表 4-8　各模型数据实验结果对照表(%)

| | SVM | | | C-CNN | | | TB-CNN | | | DFINet | | | ESDNet | | |
|---|---|---|---|---|---|---|---|---|---|---|---|---|---|---|---|
| | HSI | MSI | H+M | HSI | MSI | H+M | HSI | MSI | H+M | HSI | MSI | H+M | HSI | MSI | H+M |
| OA | 40.82 | 37.20 | 45.12 | 48.12 | 43.43 | 49.04 | 63.29 | 61.13 | 64.19 | 82.31 | 82.81 | 83.64 | 85.61 | 83.78 | 90.23 |
| AA | 37.43 | 35.31 | 35.98 | 45.41 | 41.52 | 47.27 | 58.11 | 56.19 | 59.13 | 80.91 | 79.14 | 83.25 | 84.72 | 83.65 | 90.11 |
| Kappa | 32.31 | 31.00 | 34.78 | 44.29 | 43.41 | 46.31 | 51.28 | 54.38 | 56.17 | 78.23 | 72.93 | 82.03 | 85.98 | 82.90 | 89.06 |

为了验证提出方法的有效性,与第三章提出方法 DBMF 和本章其他深度学习算法在训练时长方面进行了比较,如图 4-25 所示,实验表明 DBMF 算法优于其他三种算法,而本章提出的 ESDNet 方法比 DBMF 训练时间少 50 分钟,证明 ESDNet 对于多源树种分类效率更高。ESDNet 与传统的机器学习方法相比,SVM 的分类性能较差。由于 HSI 和 MSI 的信息复杂,很难通过浅层模型映射复杂的特征表示。虽然多源信息的融合增加了补充信息,但引入了更多冗余信息。这也加剧了导致 OA 减少的"维度灾难"现象。与传统的机器学习方法相比,深度学习方法的性能有了显著的提高。很明显,融合特征改善了树种分类结果,本书提出的 ESDNet 模型要优于其他三种模型。此外,该方法在混合区域取得了显著的精度提高,而其他几种方法的性能波动很大。据本书所知,7 月林区进入夏季,树冠枝繁叶茂。因此,一些地区表现出的相似特征导致误分。

总体而言,所提出的 ESDNet 准确地反映了林区树种的空间和光谱特征。C-CNN 分类效果显著恶化,因为过度拟合所致。相比之下,TB-CNN 模型通过一些策略来缓解了过度拟合的情况,TB-CNN 通过数据扩充增加了训练样本的数量。虽然数据扩充是有效的,但会引入大量的计算成本。提出的 ESDNet 模型通过使用多个损失函数规范训练过程,有偏估计在较小的范围内生成解,因此其实现了令人满意的分类性能。综上所述,HSI 和 MSI 的融合提高了树种分类的效率,证实了多源信息的互补优势。

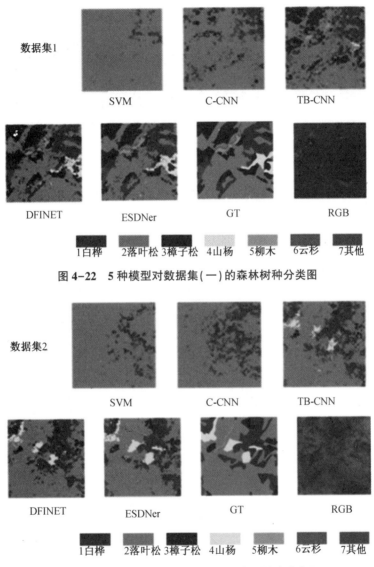

图 4-22　5 种模型对数据集(一)的森林树种分类图

图 4-23　5 种模型对数据集(二)的森林树种分类图

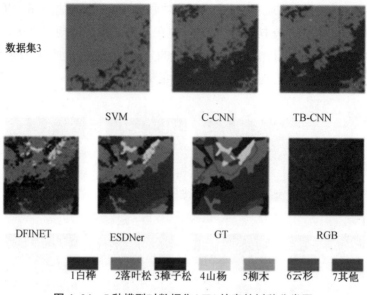

数据集3

SVM      C-CNN      TB-CNN

DFINET    ESDNer    GT    RGB

1白桦 2落叶松 3樟子松 4山杨 5柳木 6云杉 7其他

图4-24　5种模型对数据集(三)的森林树种分类图

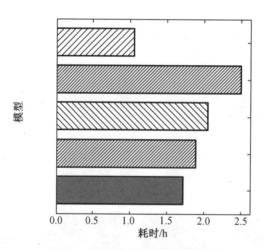

图4-25　5种算法树种分类训练时长图

# 4.7 本章小结

本章首先设计了一种新的单调非线性激活函数 Smish。与 Logish、Mish、Swish 和 ReLu 相比,Smish 提供了更高的学习精度。Smish 在多个开放数据集中的分类性能优于其他激活函数。使用激活函数 Smish 的轻量模型 EfficientNet(EfficientNetB3-Smish)对常用超参进行实验取最优解,得出丢弃率为 0.2,批量为 128,学习率为 0.000 1,迭代周期为 100,优化器为 Adam 时,模型性能最佳。并对使用了 Smish 函数的 4 代轻量模型进行研究,分别在 MNIST、CIFAR10 和 SVHN 3 个公开数据集下实验,验证了 Smish 激活函数对深度学习模型良好的泛化性。对多源树种分类实验中,提出了 ESDNet 模型。在 EfficientNetB3-Smish 中加入深度交叉注意模块对 HSI 和 MSI 进行特征融合,增强相关性强的特征,抑制相关性差的特征,减小了模型总体计算开销。对树种分类的总体精度达到 90.2%,平均精度达到 90.1%,Kappa 系数也达到了 89%。通过实验结果显示,ESDNet 模型优于其他优秀的分类模型,表明了该方法的高效性与实用性,其能够解决树种分类的耗时问题。从而证实所提出的激活函数 Smish 对多源树种分类的有效性。

# 第5章 基于半监督学习的超图卷积神经网络模型分类

前面第3章和第4章已经对多源树种分类进行了监督分类研究,虽然用于图像分类的监督学习算法表现出良好的效果,但这些方法严重依赖于大量标记样本。标签数据需要高度密集的实地调查,特别是在茂密的森林等难以到达的地区,地面真实标签获取的非常有限。半监督学习成功地解决了标记样本数量少的问题,而且无论图像中的像素标记与否,都能够提取到有效信息。但是现有的半监督树种分类算法容易产生过拟合和性能退化的问题。

卷积神经网络(CNN)已经被广泛应用于许多类似网格结构数据的建模,例如图像、视频和语音。在规则网格上,CNN 提供了一种有效的方法来提取物体(例如图像)之间共享的局部固定结构和特征。然而,广泛的科学问题产生的数据自然存在于具有非欧几里得度量的不规则空间中,例如计算化学中的分子图、知识图、交通网络和电信网络。这些区域中的数据通常表示为具有节点和边缘属性的复杂几何结构编码的图。CNN 对图输入的泛化并不是直截了当的。例如,在二维欧几里得网格上表示的图像中,来自 CNN 的核可以向左、向右等移动。

图神经网络(Graph Neural Networks, GNN)因其广泛的适用性和强大的性能迅速引起了人们的关注。GNN 可以对非欧几里得数据进行深度学习,即可以同时对节点特征信息和结构信息进行端到端的表示学习。与 CNN 类似,GCN 方法通过过滤器根据图的连通性聚合相邻信息。聚合通常以空间方式进行或以光谱方式进行。通过基于超像素的方法将 HSI 数据转换为图形数据,然后利用 GNN 方法对光谱空间上下文信息进行高效建模。这样就隐含地扩大了标签的数量,在一定程度上缓解了样本小的问题。文献首次将基于超像素分割的图卷积网络(Graph Convolution Networks, GCN)应用于 HSI。它利用多阶邻居节点构造邻接矩阵,使 GCN 能够捕获多尺度的空间信息。然后,提出了一种在训练过程中自动学习图结构的方法,该方法可以促进节点特征的学习,使图对 HSI 内容的适应性更强。在 GCN 中,节点间的权值是固定的,不能改变,这限制了网络的表达能力。为了动态改变节点间的权值,提出了一种新的 GNN 模型,称为图注意网络(GAT),该模型可以在不依赖于预先知道图结构或需要任何代价高昂的矩阵运算的情况下,为邻域内的不同节点指定不同的权值。利用 k 近邻选择相邻节点构建邻接矩阵,GAT 可以计算出每个不同节点的权值,用于 HSI 分类。为了减轻巨大的计算成本,与基于 CNN 的 HSI 分类类似,采用划分子图的策略构建邻接矩阵。金字塔结构通常用于特征提取。光谱金字塔 GAT 利用 3D-CNN 提取多尺度光谱信息,再利用图注意机制显式提取高阶空间特征,显著提高了分类精度。最近,图卷积网络(GCN)已经被开发并成功解决了诸如流形分析、社交网络中用户偏好和连通性预测、节点分类和分子图指纹生成等任务。在空间方面,图卷积操作类似于 CNN 的正则卷积。空间 GCN 通过将邻居的节点信息聚合到相应的中心节点进行卷积。在谱 GCN 中,将节点属性视为图信号,通过由图拉普拉斯及其特征空间导出的傅里叶变换定义卷积运算。局部卷积滤波器通过谱图卷积的一阶逼近,独立地提取局部特征来激发空间图卷积。此外,还有许多调查给出了 GCN 的更多细节。然而,现有的 GCN 方法存在许多局限性,或者尚未用于处理来自许多应用程序的图结构数据。例如,目前的模型不能充分利用多个模型多领域的结构信息。

CNN 和 GNN 都是能够捕捉深度特征的深度学习方法。它们在树种分类任务中的特点是什么?我们是否可以设计一个融合策略,将它们融合在一起,互相学习,提高树种的分类能力?充分了解这个问题的答案可以帮助我们有原则地了解 GCN 和 CNN 的能力和局限性,指导我们进一步提高树种分类的能力。然而,图是非欧几里得的,其中核的运动没有任何意义。由于缺乏全局参数化、一个共同的坐标系统、向量空间结构或移位不变性,使用固定滤波器大小和步距的经典卷积不能直接应用于具有任意结构的图。

本章的任务是设计一种新型的神经网络来直接处理来自不规则域的图结构数据。通过在任意图结构上设计新的神经网络,直接利用其结构信息来增强预测任务。为了提高基于多源遥感影像数据的树种分类精度,受图卷积与聚类算法启发,本书提出了一种基于半监督学习的超图卷积特征融合的树种分类模型。该模型在特征提取过程中进行融合指导网络传播,克服单一数据的有限分类精度和不确定性。网络以 HSI 和 MSI 作为输入,通过典型相关特征分析算法去除对分类无效的信息,在新的特征空间中对图卷积分类提供高级特征。在特征融合过程中,首先通过构造多模态图进行结点特征融合,然后在卷积运算过程中对超边特征进行融合,增强网络对全局结构信息捕获能力,并利用交叉熵损失函数对模型进行约束。基于超图卷积神经网络对多源数据进行特征融合与分类,有效地防止过拟合或性能退化的情况发生,提高树种分类模型的性能。

# 5.1 多源融合图卷积网络

为了解决半监督局限性,源于人工神经网络研究的深度学习作为机器学习中最先进的技术之一引起了研究人员的关注。为了生成更抽象的高级特征,深度学习可以结合低级属性来探索高光谱数据的分布式特征表示;此外,不需要人工特征提取过程。由于深度学习可以自动生成有效的特征,所以所有这些都是深度学习的主要特征。随着该方法的迅速发展,特别是 GCN 的出现,为多源树种的分类带来了许多新颖的技术。一个可能的原因是,自动捕获非线性信息和分层特征的能力非常强大。迄今为止,已经完成了许多利用深度学习的 HSI 分类研究。然而,准确区分有价值的光谱-空间特征是困难的;除此之外,它还可能在一定程度上造成重要特征信息的丢失。

为了避免上述缺点,必须关注能够精确区分光谱空间特征的方法。半监督学习通常支持多模态分类的解决方案,即提取多个视图/特征/相似度/标签/图形来描述相同的对象(例如图像、视频和目标等)。这些方法都有一个共同的目的,即捕捉多模态数据之间的互补关系,通过对有标签数据和无标签数据的共同学习来增强判别分类能力。

在最近的研究中,许多方法利用不同的方法来达到半监督多模态分类的共同目的。现有的代表性方法大致可分为四类:多标签关联、多视图约束一致性、多视图协同训练/标注、多模态深度网络和多图融合。

(1)多标签相关可以利用标签之间的关系,通过流形正则化器减少所需的标记数据或动态传播进行转导学习来处理缺少数据甚至缺失标签的情况。这些方法可以在半监督学习中捕获多模态数据的标签相关性。

(2)多视图约束一致性可以利用图像数据的多视图线索得出的相关性和补足性,满足成对视图约束、全局标签一致性、Hessian 正则化逻辑回归、最大熵一致性或伪标签图像。这些方法的优点是在半监督学习中发现多模态数据的一致性以及数据与标签之间的关系。

(3)多视图协同训练可以协同标签规则来判断分类的一致性和多样性,从而提高分类的一致性和多样性分类性能。多视图协同标注可以迭代来自不同视图的预测,为鲁棒应用生成伪标签向量。这些方法的一个显著进步是可以平衡标签和分类之间的协作关系。

(4)多模态深度网络可以学习从未标记数据中嵌入小文本区域,并将其整合到有监督的 CNN 中,用于双视图情感和主题分类。另一种想法是通过精心设计的半监督多模态深度网络集成异构特征。这些方法可以利用无标签数据构建深度学习网络,挖掘多模态数据与标签之间的潜在关系。

(5)多图融合不仅可以构建多模态数据之间的关系,还可以通过多种方式同时考虑多模态数据的标签影响。第一种方法,多关系图正则化可以使多图约束条件下的标签估计误差最小化,不仅可以获得优化标签,还可以捕获多图之间的关系。第二种方法是将多图与其他方法(例如线性判别分析或马尔可夫随机场)相结合进行分类。第三种方法是多模态分类标签传播中的多图关系扩散。这些方法试图抓住多图关系,并结合标签传播来寻找好的分类方法。

然而,在半监督学习中,由于标签的变化,研究人员很少注意处理多图的动态关系。目前的方法大都把动态关系当作固定关系来处理。提出的图融合树种分类模型试图建立多图与多模态之间的关联模型,并通过优化公式的交叉迭代得到多图之间的动态关系。

## 5.1.1　整体网络结构

超图结构可以有效地对树种之间的相互关系进行建模,本章提出了一种基于半监督的超图卷积多源树种分类模型(M-HGNN)。模型包含关联特征提取、多源超图融合卷积模块、超边卷积三个部分,如图 5-1。关联特征首先对 HSI 和 MSI 进行关联计算,降低维度,减小计算量。然后多源超图融合卷积模块对关联特征进行构建超图结构特征操作。通过超边卷积融合计算,最后输出分类图。为了充分利用 HSI 和 MSI 之间的互补信息和相关性,我们将对 HSI 和 MSI 的权值矩阵进行融合,并通过此融合计算出多模态图的关联矩阵。从图嵌入的角度出发,引入基于图的损失函数对超图卷积融合网络进行约束。在提取特征时,使用分类器进行分类生成树种分类图。

首先对上采样的 HSI 进行 2.3.1 节所述的 IPD 降维处理,然后将数据集中的每个像素作为一个向量,网络将整个图像以向量形式作为输入。对于 HSI 和 MSI 数据集,设 $X_H$ 和 $X_L$ 分别表示 HSI 和 MSI 图像,公式表示如下:

$$X^H = \{X_1^H, X_2^H, \cdots, X_n^H\}, X_i^H \in \mathbb{R}^H \tag{5-1}$$

其中,$X_i^H$ 为表示第 $i$ 个像素的向量,$n$ 为图像中的像素个数,$H$ 为 HSI 的光谱通道数。同样,多光谱图像有 $L$ 个光谱通道。表示如下:

$$X^L = \{X_1^L, X_2^L, \cdots, X_n^L\}, X_i^L \in \mathbb{R}^L \tag{5-2}$$

因此,网络的输入为

$$X = \{x_1, x_2, \cdots, x_n\}, x_i \in \mathbb{R}^{H+L} \tag{5-3}$$

其中,$x_i = \mathrm{CAT}(X_i^H, X_i^L)$,$\mathrm{CAT}(\cdot, \cdot)$ 表示级联操作。然后输入 $X$ 到特征提取融合网络中。为了展示多模态图和基于图的损失的潜在能力,$FC$ 层被用作超图卷积网络的输出层。多模态图和基于图的损失在特征提取和融合中起着主要作用,而网络结构并不是研究的重点。

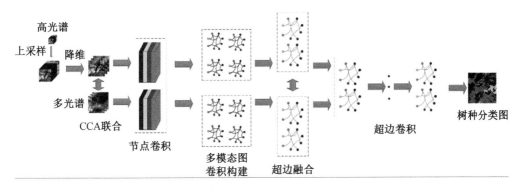

**图 5-1 多源融合超图卷积树种分类网络(M-HGNN)**

因此,本书选择了一个浅层的、稳健的结构作为特征提取网络。具体地,该网络由两个 FC 层和一个归一化(BN)层组成。注意 BN 层在 FC 层之后,对于多模态图没有 BN 操作。本书采用 ReLU 作为激活函数。由于网络的输入是多模态图像,在实践中,特征提取网络的主干可以用其他网络代替,如卷积层。用基于多模态图的损失函数训练后,输出统一的融合特征,发送给 FC+Softmax 分类器进行像素级分类。

## 5.1.2 关联特征模块

多数据源学习主要研究不同数据之间的相关性,有助于理解多源数据中的描述数据,其利用不同观点之间的关系,提高最终的解释性能。在本节中,本书从特征融合和分类方法的角度研究多视角学习。典型相关分析(Canonical correlations analysis,CCA)探索并发现一个公共子空间,使其中的两个输入的相关性最大化。

HSI 和 MSI 可以分别表示为 $\alpha \in R^{L \times W \times H}, \beta \in R^{L \times W \times M}, L$ 代表宽度,$W$ 代表宽度,$H$ 和 $M$ 分别表示两种数据源的波段数。那么 $\alpha$ 和 $\beta$ 分别转化为 $V^{v \times H}$ 和 $V^{v \times M}$,其中 $v = L \times W$。

假设 $\alpha$ 和 $\beta$ 线性表示如下:

$$U_H = r_1(\alpha) \tag{5-4}$$

$$U_M = r_2(\beta) \tag{5-5}$$

其中 $r_1$ 和 $r_2$ 分别表示 HSI 和 MSI 的投影方向。CCA 是通过最大化 $\alpha$ 和 $\beta$ 之间的相关性来得到的。第一个投影方向可通过优化以下方程得到:

$$\max \rho(r_1, r_2) = r_1 s_{HM} r_2$$
$$\text{s.t. } r_1 s_{HH} r_1 = 1, r_2 s_{MM} r_2 = 1 \tag{5-6}$$

其中,$S_{HM}$ 代表 HSI 和 MSI 的协方差矩阵,若要解决式(5-6)的问题,可以采用拉格朗日乘子技术对目标函数进行优化,得到最优解 $r_1^*$ 和 $r_2^*$。

$$U_H^* = r_1^*(\alpha) \tag{5-7}$$

$$U_M^* = r_2^*(\beta) \tag{5-8}$$

通过以上公式,将 HSI 和 MSI 分类视为将不同来源的数据投影到同一空间。$U_H^*$ 和 $U_M^*$ 表示使数据的相关性增强特征,有助于多源树种分类任务。原始输入相对冗余且复杂,会造成深度学习过程中的收敛速度过缓。通过该方式计算 HSI 和 MSI 关联特征,有利于深度学习模型对树种特征的进一步学习。

### 5.1.3　多源超图融合

为了有效地融合多模态图像之间的信息,采用超图结构表示输入像素。与 CNN 相比,由于卷积核的大小限制了 CNN 的全局信息提取能力,超图结构对所有顶点之间关系的表达能力更强。由顶点集和超边集组成,其中超边包含灵活数量的顶点。因此,超边能够模拟非成对关系。可以利用其无度超边来编码高阶相关数据。图是用邻接矩阵表示的,其中每条边只连接两个顶点,而超图在多模态和异构的情况下,使用灵活的超边结构表示,更易于扩展。超图结合邻接矩阵,联合使用多模态数据生成超图。如图 5-2 所示,一个超图神经网络(Hypergraph neural network,HGNN),使用超图结构进行数据建模。

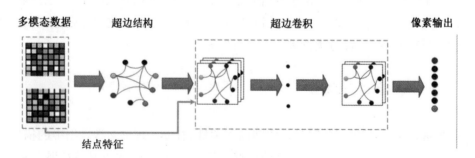

图 5-2　超图结构图

超图定义为 $G = (V, E, W)$,其中包含一个顶点集 $V$,一个超边集 $E$,每个超边赋值 $W$,$W$

是超边权值的对角矩阵。超图 $G$ 可以用 $|V| \times |E|$ 关联矩阵 $H$ 表示,定义为:

$$h(v,e) = \begin{cases} 1, & \text{if } v \in e \\ 0, & \text{if } v \notin e \end{cases} \qquad (5-9)$$

对于一个顶点 $v \in V$,其度定义为 $d(v) = \sum \omega(e) h(v,e)$,$e \in E$。对于边 $e \in E$,其度矩阵定义为 $d(e) = \sum h(v,e)$,$v \in V$。另外,$De$ 和 $Dv$ 分别表示超边的度对角矩阵和顶点的度对角矩阵。

HSI 和 MSI 经过 CCA 算法处理的关联特征,分别为 $Q_h^{L \times W \times H} = U_H^*$,$Q_m^{L \times W \times M} = U_M^*$。本书将每个像素视为超图的一个顶点,并将图像维度调整为 $X^{n \times H}$,$Y^{n \times M}$,其中 $n = L \times W = |V|$ 表示超图顶点的数,$H$ 和 $M$ 分别表示 HSI 和 MSI 的光谱维度。

然后本书使用不同的特征提取器从关联特征模块的 $X^{n \times H}$ 和 $Y^{n \times M}$ 中提取多模态特征 $X_i^{n \times H_j}$ 和 $Y_i^{n \times H_j}$。对于 X 和 Y 的每个顶点 $v \in V$,本书选择 $k$ 个最近邻域点来生成超边 $e \in E$,由此得到关联矩阵 $H^{|V| \times |E|}$,其中( $|V| = |E| = n$ ):

$$h(i,j) = \begin{cases} e^{-\dfrac{n\sigma \|x_i - x_j\|^2}{\sum\limits_{j=1}^{n} d(x_i, x_j)}}, & \text{if } x_i \in N_k(x_j) \\ 0, & \text{其他情况} \end{cases} \qquad (5-10)$$

其中,$d(x_i, x_j)$ 为顶点 $x_i$,$x_j$ 之间欧氏距离,$\sigma$ 为可调超参数。在该公式中使用均值的目的是将多模态距离归一化,便于超参数的调整。

假设 $[f_1, f_2, \cdots, f_n]$ 为多模态特征,对于每个结点通过公式 5-10 分别计算出 HSI 和 MSI 的关联矩阵 $[H_1^h, H_2^h, \cdots, H_n^h]$,$[H_1^m, H_2^m, \cdots, H_n^m]$,然后得到融合的特征 $H_f^h = \text{CAT}(H_1^h, H_2^h, \cdots, H_n^h)$,$H_f^m = \text{CAT}(H_1^m, H_2^m, \cdots, H_n^m)$,其中,函数 CAT( ) 代表多向量连接操作。下面对超图卷积构建细节进行介绍。

# 5.2 基于多源超边卷积算法实现

这里考虑超图上的融合的结点(顶点)分类问题,结点标签在超图结构上应该是平滑的。通过归一化网络来制定:

$$\underset{f}{\arg\min} \{ R_{emp}(f) + \Omega(f) \} \qquad (5-11)$$

式中 $\Omega(f)$ 表示对超图正则化,$R_{emp}(f)$ 表示监督经验损失,$f(\cdot)$ 是分类函数。正则化 $\Omega(f)$ 的定义为:

$$\Omega(f) = \frac{1}{2} \sum_{e \in E} \sum_{|u,v| \in V} \frac{w(e) h(u,e) h(v,e)}{\delta(e)} \left( \frac{f(u)}{\sqrt{d(u)}} - \frac{f(v)}{\sqrt{d(v)}} \right)^2 \qquad (5-12)$$

本书设 $\theta = D^{-\frac{1}{2}} v H W D_e^{-1} H^T D_v^{-\frac{1}{2}}$,另外,$\Delta = I - \Theta$,那么,归一化函数 $\Omega(f)$ 转换为:

$$\Omega(f) = f^T \Delta \tag{5-13}$$

其中 $\Delta$ 为正半定，通常称为超图拉普拉斯式。

给定有 $n$ 个顶点的超图 $G = (V, E, \Delta)$，由于超图拉普拉斯矩阵 $\Delta$ 是 $n \times n$ 正半定矩阵，利用特征分解 $\Delta = \Phi \wedge \Phi^T$，可得到标准正交特征向量 $\Phi = \mathrm{diag}(\Phi_1, \cdots, \Phi_n)$ 和对角矩阵 $\Lambda = \mathrm{diag}(\Lambda_1, \cdots, \Lambda_n)$ 含相应的非负特征。然后，对输入结点 $x = (x_1, \cdots, x_n)$ 傅里叶变换定义为 $\hat{x} = \Phi^T x$，其中特征向量被视为傅里叶基，特征值被视为频率。输入 $x$ 与滤波器 $g$ 的谱卷积可以表示为：

$$g * x = \Phi((\Phi^T g) \odot (\Phi^T x)) = (\Phi g(\Lambda) \Phi^T x) \tag{5-14}$$

其中，$\odot$ 表示元素的哈达玛乘积，$g(\Lambda) = \mathrm{diag}(g(\lambda_1), \cdots, g(\lambda_n))$ 是傅里叶系数的函数。而傅里叶正变换和反变换的复杂度为 $O(n^2)$。用 $K$ 阶多项式参数化 $g(\Lambda)$ 降低复杂度，使用截断切比雪夫展开作为一个多项式。$T_k(x)$ 递归计算 $T_k(x) = 2x T_{k-1}(x) - T_{k-2}(x)$，其中 $T_0(x) = 1$，$T_1(x) = x$，因此 $g(\Lambda)$ 可以参数化为：

$$g * x = \sum_{k=0}^{K} \theta_k T_k(\widetilde{\Delta}) x \tag{5-15}$$

其中 $T_k(\widetilde{\Delta})$ 是 $k$ 阶的切比雪夫多项式，其中，缩放拉普拉斯算子 $\widetilde{\Delta} = \dfrac{2}{\lambda_{\max}} \Delta - I$。在公式中，该算法排除了拉普拉斯特征向量的展开计算，只包含矩阵的幂、加法和乘法运算，进一步提高了计算复杂度。令 $K = 1$ 来限制卷积运算的阶数，因为超图中的拉普拉斯算子已经可以很好地表示结点之间的高阶相关性。由于神经网络的尺度适应性，$\lambda_{\max} \approx 2$。卷积运算可以进一步简化：

$$g * x \approx \theta_0 x - \theta_1 D^{-\frac{1}{2}} v H W D_e^{-1} H^T D^{-\frac{1}{2}} \tag{5-16}$$

其中 $\theta_0$ 和 $\theta_1$ 是所有结点上滤波器的参数。本书进一步使用单参数 $\theta$ 来避免过拟合问题，将其定义为：

$$\begin{cases} \theta_1 = -\dfrac{1}{2} \theta \\ \theta_0 = \dfrac{1}{2} \theta D_v^{-\frac{1}{2}} H D_e^{-1} H^T D_v^{-\frac{1}{2}} \end{cases} \tag{5-17}$$

那么，卷积运算可以简化为如下表达式：

$$g * x \approx \dfrac{1}{2} \theta D_v^{-\frac{1}{2}} H(W+I) D_e^{-1} H^T D_v^{-\frac{1}{2}} x \approx \theta D_v^{-\frac{1}{2}} H W D_e^{-1} H^T D_v^{-\frac{1}{2}} x \tag{5-18}$$

其中，$(W+I)$ 可视为超边的权值。$W$ 被初始化为一个单位矩阵，这意味着所有超边的权值相等。当本书有一个超图数据 $X \in \mathbb{R}^{n \times C_1}$，具有 $n$ 个结点和 $C_1$ 维特征，超边卷积计算如下：

$$Y = D_v^{-\frac{1}{2}} H W D_e^{-1} H^T D_v^{-\frac{1}{2}} X \Theta \tag{5-19}$$

式中 $W = \mathrm{diag}(w_1, \cdots, w_n)$。$\Theta \in \mathbb{R}^{C_1 \times C_2}$ 是训练过程中要学习的参数。在超图的结点上应用 $\Theta$ 过滤器提取特征。经过卷积计算，本书可以得到 $Y \in R^{n \times C_2}$，用于分类。

将 HSI 与 MSI 视为多模态数据集，分为训练样本和测试样本，每个数据包含多个特征结点。然后,利用多模态数据集的复杂相关性构造出多个超边结构集合。将超图邻接矩阵 $H$ 和结点特征输入到 HGNN 中,得到结点输出标签。如上所述,通过融合多模态特征得到超边,是将这些关联矩阵进行融合,超边卷积层 $f(X,W,\Theta)$ 表示如下:

$$X^{l+1} = \sigma\left(D_v^{-\frac{1}{2}} H W D_e^{-1} H^T D_v^{-\frac{1}{2}} X^l \Theta^l\right) \tag{5-20}$$

式中 $X^l \in \mathbb{R}^{N \times C}$ 为 $l$ 层超图的信号, $X^0 = X$, $\sigma$ 为非线性激活函数。

文献中,可以不考虑矩阵的正则化,所以公式简化为:

$$X^{l+1} = \sigma\left(H_f W_f H_f^T X^l \Theta^l\right) \tag{5-21}$$

由于其中 $H$ 和 $W$ 都为对角阵,所以公式转为:

$$X^{l+1} = \sigma\left(\left(H_1 W_1 H_1^T + \cdots H_n W_n H_n^T\right) X^l \Theta^l\right) \tag{5-22}$$

由公式 5-10,假设 $H_h = H_f^h$ 和 $H_m = H_f^m$,得:

$$X^{l+1} = \sigma\left(\left(H_h W_h H_h^T + H_m W_m H_m^T\right) X^l \Theta^l\right) \tag{5-23}$$

**算法 5-1　超图融合算法**

| |
|---|
| 输入:HSI 关联特征 $X_H$,MSI 关联特征 $X_M$,邻居结点数 k,层数迭代次数 n,图卷积层数 g |
| 输出:分类图 |
| 1:分别展开 $X_H$,$X_M$ 得到 $X_H'$ 和 $X_H'$ |
| 2:$X_H'$ 和 $X_H'$ 横向连接得到 $X$ |
| 3:由公式 5-10 计算 HSI 和 MSI 的融合关联矩阵 $H$ |
| 4:计算超边的度对角矩阵 $De$ 和顶点的度对角矩阵 $Dv$ |
| 5:初始化参数 $\Theta$ 和 $W$ |
| 6:　for i = 1 to n |
| 7:　　for j = 1 to g |
| 8:　　　计算公式 5-23 得到特征 $X'$ |
| 9:　　　通过分类器输出 |
| 10:　　　计算交叉熵损失,更新参数 $\Theta$ 和 $W$ |
| 11:　　　反向传播 |
| 12:　　end for |
| 13:end for |
| 14:输出基于像素结点的分类图 |

对于高光谱和多光谱来说,每一个结点都有诸多特征,首先分别对各自所建的超图进行超边学习,然后再对所建超边进行融合学习。基于超图上的超边卷积如图 5-3 所示,HGNN 层可以进行结点-边缘-结点变换,超图结构能够更好地表达详细特征,见算法 5-1。首先对初始结点特征 $X^1$ 通过滤波矩阵 $\Theta^1$ 进行学习,提取 $C_2$ 维特征。然后根据超边集合结点特征,形成超边特征 $\mathbb{R}^{E \times C_2}$,该超边特征通过 $H^T \in \mathbb{R}^{E \times N}$ 的乘积实现。最后将它们相关的超边特征相乘得到输出结点特征,该超边特征由矩阵 $H$ 得到。公式中 $Dv$ 和 $De$ 起到归一化的作用。因此,HGNN 层可以通过结点-边缘-结点变换有效地提取超图的高阶相关性。

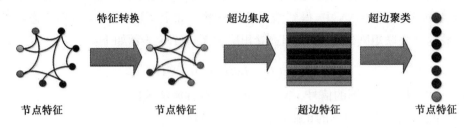

图 5-3　多源超边卷积层结构图

# 5.3　实验结果与分析

本节主要对提出的模型进行分析和验证。具体包括实验设置、对比实验和参数分析三个部分。第一部分主要介绍几个对比模型和参数设置,第二部分是对模型的实验结果进行表述与分析,最后一部分是分析不同超参对实验结果的影响。

## 5.3.1　实验设置

本章实验数据采用 2.2.4 节 3 个树种公开数据集,数据训练样本和测试样本同 3.2.1节,本书随机选取 10%、20% 和 30% 的样本作为训练样本,其他为测试样本。评价指标同 2.4 节。为了验证本章提出的多源融合图卷积分类方法的有效性,更好地证明算法的分类特性和对不同图像的适应性,选取比较优秀的方法进行比较,几种比较方法如下:

M-SVM:利用不同特征视图之间的互补信息的多视图支持向量机分类器,通过非成对的方式联合学习多个不同视图,处理多视图分类问题。将 HSI 和 MSI 的光谱信息直接训练成新型 SVM 分类器。

3D-CNN:以一个三维批次作为输入,同时处理四个三维卷积层的空间和光谱分量。

MFDF(Multiple feature-based superpixel-level decision fusion):基于 KPCA 对降维算法进行改进,集成多源数据的二维和三维 Gabor 特征,通过多个分类图和两个超像素分割之间的相互作用,基于所有输入提取的分类图的决策融合网络。

DMULN(Deep multiview union learning network):通过特征提取器进行关联,设计一种新视图联合池,融合深度模型的多视图特征。最后,将融合后的特征输入分类器,属于端到端的模式。

参数设置一般会直接影响实验结果。虽然各个数据的分辨率不同,但实验中为了公平性,地面真图的分辨率都设置成一致的。实验是在 Python3 语言下 Pytorch 框架实现的,其他环境同 3.2.1。在该方法中,本书对两个输入进行 CCA 处理,得到相关联的特征,作为图融合卷积的输入,图卷积参数设置见表 5-1。

本书重复实验10次,报告100次实验的平均结果和对应的标准差作为最终结果。对于模型的设置,本书参考了HGNN方法,使其尽量取得最优的性能。在本文的实验中,本书的方法设置了两个归一层,两个激活层。对于使用Adam优化器的训练过程,将epoch的最大值设置为3 000,如果连续100个epoch的损失没有减少,则停止训练过程。

此外,本书设置初始学习率和权重衰减均为0.005。对于3个图像数据集,本书用kNN图(即$k=10$)构造初始图,并设置$k$值为5、10、15、20,图卷积层数设置为3。同时,所有方法的网络权值都通过Glorot方法初始化。

表5-1 多源融合超图卷积模型中的详细层和模块

| HSI | | MSI | |
| --- | --- | --- | --- |
| Layer | Shape | Layer | Shape |
| Input | (500×500×115) | Input | (500×500×12) |
| CCA | (500×500×115) | CCA | (500×500×12) |
| 计算HSI权值 $W_h$ | | 计算MSI权值 $W_m$ | |
| 归一化 | | 归一化 | |
| Hconv | 128 | Hconv | 128 |
| Relu | | Relu | |
| Fusion hypergraph | | | |
| Hconv | | | |
| Softmax | | | |

## 5.3.2 对比实验

3个多源树种数据集总体分类精度见图5-4,提出的方法取得了最好的分类结果,其次是DMULN、MFDF、3D-CNN和SVM,其总体精度分别比其他四种方法高出0.22、0.06、0.16、0.39。从图5-5中,提出的方法分类结果平均精度要比DMULN、MFDF、3D-CNN和SVM分别高出0.03、0.06、0.27、0.56。从图5-6中,本书的模型Kappa值比DMULN、MFDF、3D-CNN和SVM高出0.05、0.09、0.26、0.58。由此,本书方法三个常用指标优于其他方法。虽然所提出的方法在各个类别中不是最高的,但整体性能是最优的。三个指标图中的结果展示了所提出的模型的性能。

由图5-7(GT表示地面真值数据,RGB为彩色影像)和表5-2、5-3和5-4可以看出,M-SVM、3D-CNN和MFDF模型的识别率都较低,但提出的多源超图树种分类网络树种识别较为清晰。综合来看,该模型在对云杉进行分类时面临较大挑战,但相比其他模型,改模型较其他模型识别率较高,从而也提升了模型的整体分类准确性。SVM模型的分类效果最差,只能识别落叶松和白桦,其他树种几乎没有被识别,传统模型对优势树种分类能力稍差。在分类过程中,云杉很容易被误分为落叶松,这也导致了3D-CNN对云杉识别率差。

MFDF 对山杨的识别率为 0.71,优于 3D-CNN。该模型除了对云杉的等效效应较差外,对于其他树种的识别能力略优于 3D-CNN 模型。由图 5-7 和表 5-4 可知,提出的模型对云杉、樟子松、柳木的识别率均优于 DMULN,但对云杉识别率提高不明显。该算法对 6 个树种的分类精度普遍优于其他算法。提出的算法取得很好的分类效果,可能的原因如下:

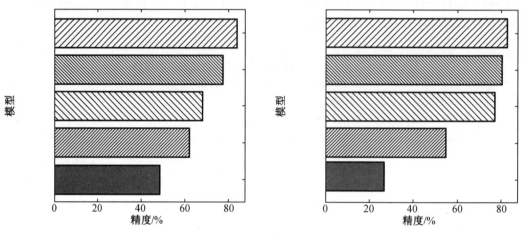

图 5-4　所有方法在三个数据集上的 OA　　　　图 5-5　所有方法在三个树种数据集上的 AA

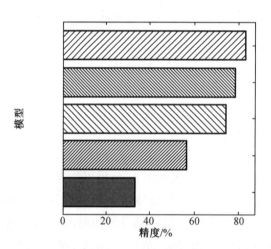

图 5-6　所有方法在三个数据集上的 Kappa

(1)提出的方法同时考虑了多模态图学习和两次融合。因此,每个图提供了不同于其他图的互补信息,能够寻找某些图中缺失的超边信息。当所有图都提供了共同的信息,就可以去除小部分的噪声等干扰信息。

(2)在深度学习模型中考虑多模态图学习在树种分类是可行的。提出的方法优于 DMULN 方法,可能的原因是通过正则化的方式同时考虑了数据的局部关系和全局关系。

(3)所提出的方法比其他模型精确度高,能够说明多模态图学习更有助于提高多源融合树种分类效果。

表 5-2 数据集(1)树种分类精度表

| | M-SVM | 3D-CNN | MFDF | DMULN | M-HGNN |
|---|---|---|---|---|---|
| 白桦 | 46.04 | 72.45 | 80.96 | 82.02 | 83.08 |
| 落叶松 | 47.12 | 77.02 | 80.37 | 82.54 | 84.02 |
| 樟子松 | 31.25 | 70.27 | 72.71 | 80.64 | 81.63 |
| 山杨 | 29.15 | 70.87 | 77.95 | 76.35 | 80.60 |
| 柳木 | 18.33 | 49.30 | 71.38 | 70.87 | 79.95 |
| 云杉 | 11.59 | 58.10 | 59.49 | 72.36 | 75.50 |
| OA(%) | 51.82 | 75.85 | 79.50 | 81.28 | 83.99 |
| AA(%) | 38.49 | 59.46 | 75.74 | 80.21 | 82.16 |
| Kappa(%) | 33.49 | 56.02 | 74.23 | 73.27 | 80.47 |

表 5-3 数据集(2)树种分类精度表

| | M-SVM | 3D-CNN | MFDF | DMULN | M-HGNN |
|---|---|---|---|---|---|
| 白桦 | 39.70 | 68.72 | 78.07 | 82.53 | 84.59 |
| 落叶松 | 50.89 | 73.74 | 86.91 | 87.50 | 85.83 |
| 樟子松 | 11.47 | 66.33 | 69.01 | 82.13 | 82.14 |
| 山杨 | 19.15 | 66.99 | 74.77 | 84.09 | 84.34 |
| 柳木 | 10.25 | 43.30 | 67.55 | 62.59 | 80.26 |
| 云杉 | 11.84 | 53.00 | 58.87 | 79.61 | 79.76 |
| OA(%) | 26.74 | 56.40 | 75.27 | 82.45 | 84.70 |
| AA(%) | 21.40 | 54.45 | 77.83 | 80.54 | 83.89 |
| Kappa(%) | 25.91 | 50.67 | 70.68 | 78.37 | 82.13 |

表 5-4 数据集(3)树种分类精度表

| | M-SVM | 3D-CNN | MFDF | DMULN | M-HGNN |
|---|---|---|---|---|---|
| 白桦 | 46.12 | 67.52 | 74.40 | 77.69 | 79.20 |
| 落叶松 | 57.10 | 71.21 | 80.92 | 81.35 | 80.11 |
| 樟子松 | 17.94 | 65.75 | 67.73 | 77.39 | 77.38 |
| 山杨 | 24.34 | 66.24 | 71.97 | 78.70 | 79.04 |
| 柳木 | 23.68 | 48.77 | 66.65 | 62.90 | 76.02 |
| 云杉 | 34.41 | 55.92 | 60.25 | 75.54 | 75.65 |
| OA(%) | 50.80 | 70.26 | 76.54 | 79.53 | 79.01 |
| AA(%) | 40.01 | 56.95 | 74.23 | 76.20 | 78.43 |
| Kappa(%) | 35.96 | 54.21 | 68.96 | 74.62 | 76.87 |

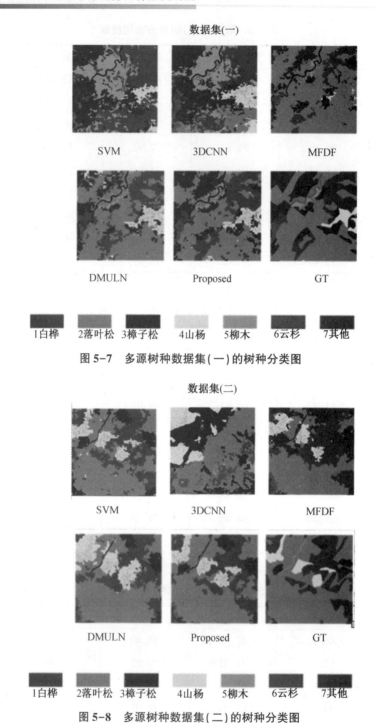

数据集(一)

SVM  3DCNN  MFDF

DMULN  Proposed  GT

1白桦  2落叶松  3樟子松  4山杨  5柳木  6云杉  7其他

图 5-7  多源树种数据集(一)的树种分类图

数据集(二)

SVM  3DCNN  MFDF

DMULN  Proposed  GT

1白桦  2落叶松  3樟子松  4山杨  5柳木  6云杉  7其他

图 5-8  多源树种数据集(二)的树种分类图

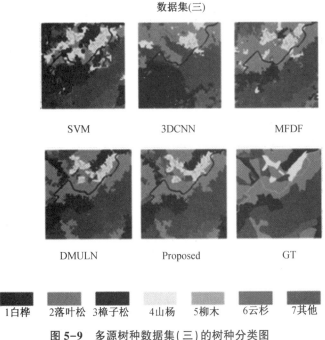

数据集(三)

SVM  3DCNN  MFDF

DMULN  Proposed  GT

1白桦 2落叶松 3樟子松 4山杨 5柳木 6云杉 7其他

**图5-9** 多源树种数据集(三)的树种分类图

## 5.3.3 参数分析

在本节中,主要对算法的参数进行测试,并分析其对实验性能的影响,包括标签率、$K$值、模型深度。图5-10展示了标签率与树种分类精度的关系,五种模型的分类精度基本都是随着标签量的上升而提高,但是提出的模型在同一种标签率下都明显高于其他几种方法。当标签率为25%时,分类效果最好。之后标签率升高而精度提高不明显,因此实验标签率都是在25%下进行的。图5-11显示了基于KNN方法的在不同$k$值下的精度变化情况($k \in \{5,10,15,20,25,30\}$)。实验结果表明,当$k$值为5~15时,3种方法的精度随$k$值的增大而提高;而当$k$值为15~30时,3种方法的精度随$k$值的增加而下降。在$k$变化范围内,提出的方法都优于其他方法。此外,$k$值为15时,实验结果最佳。这说明:

(1)$k$的值大小不能完全描述数据的邻域,$k$值变大会增加错误邻域的机会,这使得样本类别之间的差异性减弱;

(2)本书提出的树种融合分类结构学习方法对$k$的值敏感。

为了研究模型深度对M-HGNN网络分类性能的影响,本书将M-HGNN的层数范围定在$\{1,2,3,4,5\}$。从图5-12的结果可以看出,M-GNN在对多源树种分类时,对层数不是很敏感。层数小于3时,精度大于0.6。当层数大于3时,由于过于平滑,性能略有下降。层数为3时效果最好,精度达到0.8以上。

影响M-HGNN的深度学习模型计算时间的重要因素包括数据集的复杂性、类别的数量、光谱通道的数量、图像的大小等。图5-13中展示了所有模型对森林数据集的训练时长,可以看出图像的大小和数据集的复杂程度会增加模型计算成本。最后,提出的M-

HGNN 比其他算法更快。这是因为该算法是一个编码器–解码器网络,不需要滑动窗口来计算每个像素。

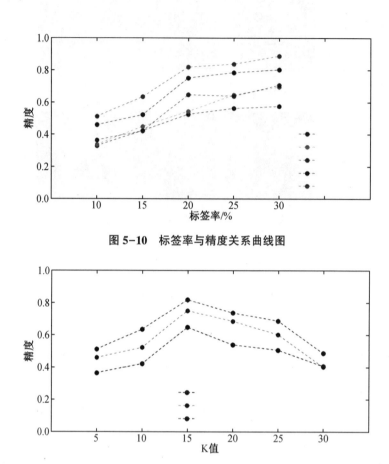

图 5-10　标签率与精度关系曲线图

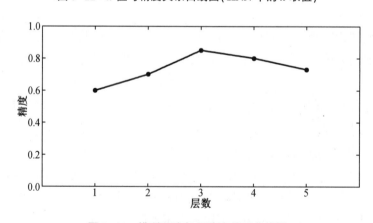

图 5-11　$k$ 值与精度关系曲线图(KNN 中的 $k$ 取值)

图 5-12　模型深度与正确率关系曲线图

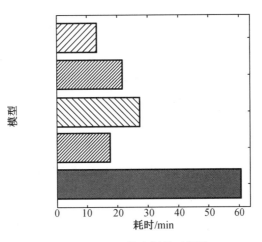

**图 5-13　不同算法训练时间图**

图 5-13 显示了所有模型的计算时间,其中 M-HGNN 花费了大约 14 min,比 DMULN 快了 8 min,3D-CNN 的学习速度是其他比较方法中最快的,而 SVM 花费的时间最长。结果表明,M-HGNN 是最快的学习模型,其分类能力优于其他几种分类模型。首先 SVM 属于传统机器学习模型,少量数据分类效果较好,但是在处理大批量复杂数据时,低效且错分率高,对于柳木等树种识别率较差。3D-CNN 虽然训练时间短,但是效果欠佳,因为只是简单提取其三维数据进行卷积运算,并未融合高光谱和多光谱数据的优势特征,所以对于云杉、柳木等少量样本分类效果不好。DMULN 分类结果虽然仅低于 M-HGNN 模型,但是由于经过三次融合导致计算量增加,而且在两种级别进行融合,并未计算优势特征,所以对 6 个树种的判别能力低于 M-HGNN 模型。MFDF 先是对数据进行分割,然后在分割特征的基础上对其进行 Gabor 滤波,那么 MFDF 是基于超像素的数据特征基础上进行分类,所以其分割结果直接影响 MFDF 树种分类结果,而本书采集到的高光谱和多光谱遥感数据由于散射效果导致超像素分割有误,这也导致 MFDF 对多源树种数据集分类效果不理想。综上所述,本书提出的 M-HGNN 模型分别考虑了高光谱和多光谱数据的优势特点,又考虑到了两者数据互补特征提取,最后又提出融合策略,固而本书 M-HGNN 处理树种分类任务取得了良好的结果。

# 5.4　本 章 小 结

本章设计了一种新的多源融合图卷积神经网络,提出了一种多图融合方法,以提高图卷积方法中图的高质量学习。为此,M-HGNN 首先从 HSI 和 MSI 基于像素进行关联计算,然后分别生成两类超图结构,通过初始图中保存 HSI 结构图和 MSI 结点信息,在超边学习过程中相互融合,从原始高维数据的低维空间中保存全局结构的全局图信息,充分利用多源数据的相关性。而且为了正确捕获数据中固有的图结构信息,本书还提出了新的融合方法,将各自的互补信息和公共信息进行融合。在对三个树种数据集进行分类实验时,该模型对白桦、落叶松、樟子松、山杨、柳木和云杉这六个树种的分类精度依次为 83.08%、84.02%、81.63%、79.95%和75.50%。这一结果明显优于其他算法的表现。本书的方法总体分类精度达到83%,超出其他最优秀的算法5%。训练时间比传统机器学习方法节省50 min,表明该方法对树种分类的高效性。对标签率分别为 10%、20%和30%的样本进行了实验,结果表明25%实验结果性价比最高。并对参数聚类重要参数 $K$ 值进行了实验,结果表明 $k$ 为 15 时,分类结果最优。最后通过实验,模型深度为 3 时,模型取得最佳性能。总之,该模型既能保证泛化能力又解决了标记数据大量缺失的问题,同时提升了模型的树种分类性能。

# 第6章  基于自监督的 M-SSL 模型分类

前 3 章对于多源遥感数据分类都是基于全监督或者半监督模式进行的,然而,由于森林分布范围广、面积大,标注大规模数据集是一个极其费力的过程。难以满足森林实时监测和保护的要求。对无标注下的网络分类大面积树种的分布信息需求迫切。因此,监督学习模式的局限性强烈地阻碍了深度学习在树种分类任务中的适用性。为了解决深度学习中数据注释的挑战,一些专家学者在该领域做了大量的研究工作。

利用深度神经网络对大量数据的丰富结构进行建模,在计算机视觉、自然语言处理、自动语音识别和时间序列分析等领域取得了重大突破。然而,深度神经网络的性能对训练数据的大小和质量非常敏感。因此,在过去十年中,已经为监督训练生成了多个带注释的数据集(例如 ImageNet,推动了许多领域的进步)。不幸的是,注释大规模数据集是一个极其费力、耗时和昂贵的过程。监督学习范式的这种局限性严重阻碍了深度学习在现实场景中的适用性。为了解决机器学习文献中数据注释的挑战,已经进行了大量的研究工作。事实上,人们已经研究了许多替代监督学习的方法,如无监督学习、半监督学习、弱监督学习和元学习。最近,自监督学习(SSL)确实在计算机视觉领域引起了相当大的关注在减少人类监督方面取得了重要的里程碑。事实上,通过从未标记数据中提取代表性特征,SSL 算法在许多问题上的表现已经超过了监督预训练。同时,深度学习的成功也在遥感领域引发了显著的进步。然而,数据标注仍然是对地观测面临的主要挑战。在这方面,自我监督学习是遥感研究的一个很有前途的途径。虽然已有关于 SSL 在计算机视觉中的全面研究。

在最近的深度学习研究中,自监督学习(self-supervised learning,SSL)在计算机视觉和遥感界引起了极大的关注。实际上,SSL 算法通过从未标记的数据中提取具有代表性的特征,在具体应用中的表现甚至已经超越了一些监督学习算法。自监督学习算法提取具有代表性的特征,有助于高效地对多数据源进行像素分类。虽然自监督学习在计算机视觉方面取得了巨大的成功,但在森林遥感领域的潜力还有待发掘。现有文献中没有多源遥感数据特别是 HJ-1A 和 Sentinel-2 影像在无监督学习下对树种进行分类研究的记载。因此对于多源森林遥感影像,基于自监督学习的树种分类研究,具有重大意义,也是一项挑战。

由于自监督学习无须标注的强大优势,本章针对 HSI 和 MSI 的多源遥感影像数据,通过特征提取与对比学习方法对森林优势树种进行像素级分类研究。结合目前优秀的 PCL(Prototypical contrastive learning)方法和经典的 AE(AutoEncoder)方法,设计了一种用于树种分类的多源自监督学习模型(M-SSL)。首先,使用两个不同的编码器分别对两种数据源提取不同的特征作为增强的数据表示。其次,选择 ContrastNet 方法作为骨干网络。最后,对自监督学习网络提取的数据特征进行融合分类。实验证明,本文提出的两个自编码器网络都具有良好的特征学习能力,所设计的 M-SSL 模型可以进一步从两个模块中学习到更好的代表性特征。这三个模块构成了一个有效的多源自监督特征学习网络。

# 6.1　基于自监督的分类原理研究

自监督学习能够从无标签的数据中提取有效信息,通过自监督的方式提取多源遥感影像特征可以完成树种分类任务,首先对自监督算法的原理进行研究。

自监督根据扩展进行分类:生成、对比和预测方法,回顾自监督学习中的工作。生成方法学习重建或生成输入数据,预测方法学习预测自生成的标签,对比方法学习最大化语义相同输入之间的相似性。现有的一些分类方法仅将自监督方法分为生成式和对比式,我们在概念上基于监督的处理水平添加了预测类。采用这种分类也为自监督学习的发展提供了历史视角。在下面的小节中,我们将详细介绍计算机视觉中的三种类型的自监督方法,并将它们与遥感中的工作联系起来进行比较。

生成方法是原始输入,而预测方法是在处理输入后精心设计带有高级语义信息的标签。采用这种分类也为自监督学习的发展提供了历史视角。生成式自监督方法通过重构或生成输入数据来学习表征。这类方法中的一组突出方法是自编码器($AE$),它训练编码器 $E$ 将输入 $x$ 映射到潜在向量 $z=E(x)$,以及解码器 $D$ 从 $z$ 重建 $x=D(z)$。而 $E$ 用于 $f$(特征提取器)的目的,联合函数 $D \odot E$ 有助于自监督损失:$\|x-D(E(x))\|$ 的计算。另一类方法,生成对抗网络($GAN$),从博弈论的角度来处理数据生成问题。简而言之,GAN 由两个模型组成:生成器 $G$ 和鉴别器 $d$。生成器将随机向量 $z$ 作为输入,输出合成样本 $x=G(z)$。同时,训练鉴别器区分训练数据集中的真实样本 $\{x\}$ 和 $G$ 生成的合成样本。这样,合成数据的分布 $P_z$ 逐渐收敛到训练数据集中的分布 $P_z$,从而生成真实的数据。GAN 不是为特征提取而设计的,但由于形式上 $G^{-1}=f$,存在 GAN 启发的方法来构建表示 $z$。

原始自编码(Autoencoder,AE)是一种应用广泛的无监督特征提取模型。标准的 AE 由编码器和解码器组成。编码器将输入图像编码为具有固定形状的特征。自编码器用于人工神经网络的预训练。从概念上讲,自编码器 $D \cdot E$ 是一个前馈编码器-解码器网络,经过训练可以在输出层重现其输入。然而,人们很容易想象一个自动编码器会失败:如果 $E=D=1$,自动编码器将学习一个平凡的恒等映射,$D \cdot E=1$。因此,要求潜在向量 $z$ 保留 $x$ 上的信息本身不足以产生表达性表示。需要约束来防止这种情况的发生。例如,在早期的实践中,编码器 $E$ 通常类似于一个瓶颈结构,使得输入数据的维度被压缩,即 $x$ 维度远大于 $z$ 的维度。这连接了自动编码器降维。事实上,线性自编码器和主成分分析(PCA)之间的松散关系已经在文献中进行了研究。限制 $z$ 的小维度并不是防止单位映射的必要条件。也可以选择构造 $D \cdot E$,使 $z$ 的维度大于输入的 $x$ 维度,并附加稀疏性约束,构建所谓的稀疏自编码器。其他流行的方法包括:去噪自编码器和变分自编码器(VAE)。

生成学习和对比学习是自监督学习中的两种常用算法。两者都是将输入编码作为显式向量。不同的是生成学习用显式向量对输入进行重构,而对比学习是分析显式向量间的相似性。联合学习是将两者结合起来,对输入生成负样本和判别器,区分出真假样本。三者主要的区别在于模型架构和目标的不同,详细的原理如图6-1所示。三种算法都包含生成器和判别器,其中,生成器分解为编码器和解码器。

其区别如下:

(1)对于隐藏分布$z$:在生成学习和对比学习中,$z$是显式的,经常被下游任务利用;而在GAN中,$z$是隐式建模的。

(2)对于判别器:生成学习没有判别器,而GAN和Contrast有判别器。对比判别器的参数比GAN(例如标准的ResNet)要少。

(3)对于目标:生成学习使用重建损失,对比学习使用对比相似性度量(如InfoNCE),生成-对比方法利用分布差异作为损失(如JS-divergence,Wasserstein Distance)。

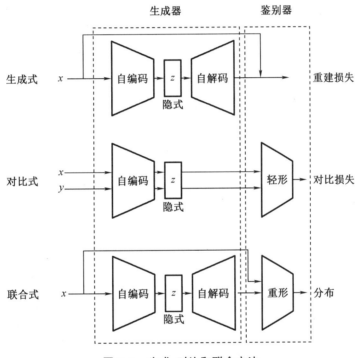

**图6-1　生成、对比和联合方法**

生成式学习的目的是将训练数据映射到一定的分布模式。根据输入的分布得到与真实数据相似的假样本或有用的特征提取器。对于高/多光谱图像分类,堆叠式稀疏自编码器(Stacked Sparse Autoencoder,SSAE)利用自编码器提取稀疏光谱特征和多尺度空间特征。3D卷积自编码器(3DCAE)、GAN辅助CapsNet(TripleGAN)和许多其他基于代表性学习的模型也成功地应用于遥感图像分类。

对比学习以区别不同的数据为目的。其通过比较不同的样本进行训练后,将判别器应用于下游任务,如图像分类和目标检测。将相同输入的增强视图嵌入到彼此相邻的位置,同时尝试从不同的输入中分离嵌入。通过两种不同的方式增加相同的输入,以生成已知属于同一类的多个数据,并提高它们之间的相似性,其倾向于在特征空间中对它们的表示聚类,它比生成学习方法计算量少。对比学习普遍采用了级联网络和对比损失方法,它们之间的区别主要在于它们收集负样本的方式不同。SimCLR 使用大批不同尺度数据进行训练,以获得更能代表图像域的对比损失。MoCo 将对比学习视为字典查找,嵌入输入样本并使用队列和平均移动编码器的动态字典,将字典大小与批处理大小解耦。SimSiam 通过减少批量大小收集负样本。

联合学习将对比学习与生成学习结合。生成器采用生成学习的模式,判别器利用重型的损失函数,在遥感领域取得了很好的结果。PCL(Prototypical contrastive learning)将聚类算法与对比学习相结合,获得了良好的性能。

生成学习方法关注的是数据的精确细节,而对比学习方法关注的是更高层次的信息。因此,希望在多源树种分类的特征提取中同时利用两种方法的优点。然而,对比学习方法在高/多光谱分类领域的应用很少,将两种特征进行融合分类更是一项挑战。将生成学习和对比学习方法应用到高/多光谱图像处理中还需要解决一些主要问题如下:

(1)计算机视觉领域的典型数据增强方法应用在高/多光谱分类领域较难。例如,普通图像的颜色变换不会改变物体的空间特征,是一种可以接受的变换。但高光谱图像的光谱值畸变时,会破坏光谱信息,而光谱信息又是高光谱分类应用的基础,因此这种变换对于高光谱图像来说是不可接受的。

(2)图像的自监督对比学习需要大批量浮点运算。批量越大,从负样本中可以利用的信息就越多,但是如果直接应用于高光谱图像,则需要更多的计算资源,成本过高。

ContrastNet 在处理普通图像时表现出了强大的自监督学习能力。然而,如上所述,ContrastNet 很难直接应用于 HSI 与 MSI 的融合分类。因此,要将 ContrastNet 应用于 HSI 与 MSI 的融合分类,必须对其进行一定的调整。本书以多源树种数据为研究对象,基于 ContrastNet 模型进行改进,提出 M-SSL 的树种分类模型。特别是高光谱和多光谱数据对于同一样本的不同特征,可以通过 ContrastNet 的对比学习能力,增强树种间差异。

随着基于人工智能的方法在高/多光谱图像领域的蓬勃发展,研究发现自编码器结构中的编码器可以被视为一种转换,对 HSI 与 MSI 分别编码,生成多源自编码特征,对同一像素的两种数据源进行特征提取与融合,其功能类似于数据增强。多源编码与数据增强都是将 HSI 和 MSI 从原始分布映射到另一个分布。但不同的是,数据增强通常不会改变图像的形状,而编码器通常将图像编码为维数更小的向量,去除了部分冗余特征。经过训练的自动编码器中的编码器可以保留原始图像中的大部分信息,同样能实现数据增强的功能。

基于自编码器原理,提出了 MAAE 编码器和 MVAE 编码器。因为 MAAE 和 MVAE 模块产生的分布有一定的差异,能够为树种分类提供更多数据特征。通过 MAAE 和 MVAE 分别学习 HSI 和 MSI 两种数据特征,生成 4 种数据特征为:H-AAE、M-AAE、H-VAE 和 M-VAE。这样两种数据源增强为 4 种,对特征分别融合,然后输入到 M-SSL 的下游任务中,输出树种分类图。M-SSL 只需要从两种向量中学习,而不需要从两张完整的图像中学习。下面对提出的算法进行详细说明。

# 6.2 基于 MVAE 的多源特征提取

## 6.2.1 AutoEncoder 算法原理

AE 的目标函数通常是重建损失函数(例如:输出和输入之间的欧氏距离)。利用反向传播算法对整个模型进行优化。AE 模型的目标是从(损坏的)输入中重构(部分)输入。自动编码器可以被看作是一个有向的图形模型,并且可以更有效地训练。自动编码器是一个前馈神经网络,经过训练在输出层生成。

AE 由编码器网络 $h=f_{encode}(x)$ 和解码器网络 $x'=f_{decode}(h)$ 组成。AE 的目的是使 $x$ 和 $x'$ 尽可能相似(如通过均方误差)。可以证明,线性自编码器对应于主成分方法。有时隐藏单元的数量大于输入单元的数量,还要对隐藏单元进行稀疏性约束。

AE 并不限制隐藏码的分发,随后基于变分自编码算法(VAE)被提出来进行优化隐藏码的分布。VAE 利用 KL-divergence 和重参数化技巧来限制隐藏代码分布,使从正态分布的随机样本可以解码为与训练样本分布相似的图像。由于 VAE 生成的隐藏码在分类任务中表现较好,因此被广泛用于无监督特征提取中。

## 6.2.2 MVAE 的算法实现

为了对多源遥感森林影像进行数据增强,基于 VAE 算法,本书设计了 MVAE 编码器对 HSI 和 MSI 图像进行特征提取(由 H-VAE 和 M-VAE 构成)。H-VAE 模块的结构如图 6-2 所示。如图所示,本文首先使用 2.3 节的 IPD 算法对高光谱图像进行降维处理,以减少信道数量。然后采用滑动窗口将图像分割成形状为 $a \times a \times c$,$a$ 为滑动窗口的大小,$c$ 为预处理后的图像通道。编码器的结构采用混合卷积的模式提取特征信息。本书使用了多个 3D-Conv 和 2D-Conv 来提取输入窗口的光谱和空间信息。并使用了多个 3D 转置卷积层和 2D 转置卷积层来构建解码器网络。此外,为了避免过拟合的风险,在每个卷积层后都采用批处理归一化操作。除输出层外,每个线性层都与 ReLU 结合。模块中使用一个平均池化层来固定特征图的形状,从而使重构前后的特征图大小一致。

根据原 VAE 算法,编码器输出两个变量 $\mu$ 和 $\nu$,然后通过公式 6-1 计算隐藏码:

$$z=\mu+\gamma \times \nu \tag{6-1}$$

式中,$z$ 为隐藏码,$\gamma$ 为从正态分布中抽取的随机值。

VAE 模块的损失函数可分为 $L_z$ 和 $L_{re}$ 两部分。$L_z$ 控制隐藏码的分布,$L_{re}$ 保存输入的重建。$L_z$ 通过公式 6-2 表示,其中,$N$ 为样本数,$L_z$ 计算隐藏码与正态分布之间的 $KL$ 散度。公式 6-3 为重建损失函数 $L_{re}$,$N$ 为样本数,输入图像的窗口 $I$ 形状为 $a \times a \times c$,解码器输出图

像 $\hat{I}$ 窗口形状同为 $a \times a \times c$ ：

$$L_Z = \frac{1}{2} \sum_{i=1}^{N} (\mu_i^2 + \nu_i^2 - \log\nu_i^2 - 1) \qquad (6-2)$$

$$L_{re} = \sum_{i=1}^{N} \left( \frac{1}{a \times a \times c} \sum_{x}^{a-1} \sum_{y}^{a-1} \sum_{z}^{c-1} (I - \hat{I})^2 \right) \qquad (6-3)$$

整个损失函数 $L$ 可以用式(6-4)表示,为隐码损失函数与重建损失函数之和。

$$L = L_Z + L_{re} \qquad (6-4)$$

MSI 的特征提取与 HSI 基本类似。无上采样处理,只是降维后通过 VAE 模型分别训练而生成中间特征。把 HSI 和 MSI 图像数据作为输入分别计算出 $L_{VAE}^H$ 和 $L_{VAE}^M$。当完成 VAE 模块训练后,将所有的补丁映射到 VAE 特征上。因此,可以利用这些 VAE 特征为下游 ContrastNet 树种分类任务提供数据增强功能。

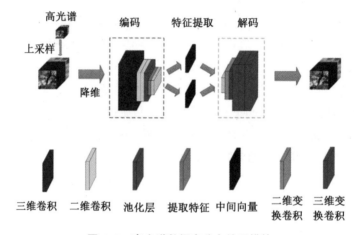

图 6-2　高光谱数据变分自编码模块

# 6.3　基于 MAAE 的多源特征提取

## 6.3.1　AAE 算法原理

对抗表示学习利用区别损失函数作为目标。其思想源于生成学习,学者们发现逐点生成重建存在海量计算等问题。作为一种替代方法,对抗学习通过最小化分布散度来重建原始数据分布。对比学习舍弃了解码器组件,对抗学习仍然由编码器和解码器组成。虽然因为生成器赋予了对抗性学习较强的表达能力,但也使对抗学习的目标比对比学习的目标更具有挑战性,可能会导致收敛不稳定。在对抗性学习设置中,解码器要求表示可重构,其包含了构建输入所需的所有必要信息。而在对比学习设置中,只需要学习可区分的树种信息就可以区分不同的样本。

对抗性方法虽然吸收了生成法和对比法的优点,但也存在一定的缺陷。对抗性自编码器(AAE)对隐藏码采用对抗性限制。AAE 不使用 KL-divergence 计算隐藏码分布与正态分布之间的距离,而是采用对抗性的思想限制隐藏码的分布。通过使用隐藏码训练生成对抗网络(GAN),并从正态分布中随机选择样本,使隐藏码的分布变为期望的正态分布。AAE算法生成的隐藏码有利于分类,其分布与 VAE 算法隐藏码分布有一定的差异。

## 6.3.2 MAAE 的算法实现

与 MVAE 模块类似,MAAE 模块首先采用 2.4 节的 IPD 算法对 HSI 进行降维。MAAE网络结构如图 6-3 所示,由 H-AAE 和 M-AAE 构成。MAAE 模块中的编码器和解码器与所述 AAE 模块中的编码器和解码器相同,AAE 模块中的编码器直接输出隐藏码,并充当GAN 生成器。根据原始 AAE 算法,隐藏码是生成器的输出,判别式的输入。判别式的另一个输入是从正态分布中抽取的随机变量。

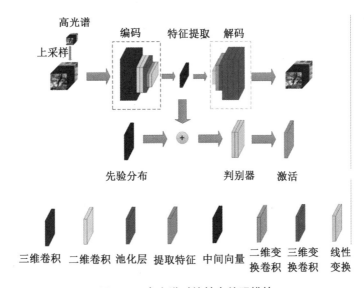

**图 6-3 高光谱对抗性自编码模块**

AAE 的训练可分为两个阶段:重建阶段和正则化阶段。在重建阶段,利用重构损失来优化网络参数,用公式 6-5 表示。$L_{AAE}^{re}$ 是重建损失函数,其定义与 $L_{re}$ 相同。在正则化阶段,首先对解码器进行优化,然后对编码器进行优化。为了稳定 GAN 的训练过程,采用Wasserstein GAN(WGAN)损失作为判别器和编码器的优化函数。判别损失和编码器损失函数分别由公式 6-6 和公式 6-7 表示,其中 $L_d$ 表示判别器的损失,$L_g$ 表示生成器的损失。$P_g$为生成样本分布(隐藏码),$P_r$ 为真实样本(来自正态分布的样本),$x$ 表示 $P_g$ 和 $P_r$ 的随机样本。

$$L_{AAE}^{re} = \sum_{i=1}^{N} \left( \frac{1}{a \times a \times c} \sum_{x}^{a-1} \sum_{y}^{a-1} \sum_{z}^{c-1} (I - \hat{I})^2 \right) \tag{6-5}$$

$$L_d = E_{x|P_g}(D(x)) - E_{x|P_r}(D(x)) \qquad (6\text{-}6)$$

$$L_g = -E_{x|P_r}(D(x)) \qquad (6\text{-}7)$$

同样的,通过 AAE 分别对 HSI 和 MSI 进行预训练,分别生成两种编码特征。将两种数据源映射到同一公共子空间,生成两种数据源输入的相关性特征。将提取的特征输入下游的 ContrastNet 树种分类任务提供数据增强功能。

# 6.4　基于多源自监督的树种分类模型

提出的 M-SSL 由两个预训练模型和 ContrastNet 网络模型构成,预训练模型 MVAE 模块和 MAAE 模块,两个模块对于 HSI 和 MSI 分别进行训练,并提取特征。下面对这 M-SSL 进行详细说明。

## 6.4.1　ContrastNet 原理

通常的无监督对比学习方法旨在找到一个嵌入空间,空间中每个样本都能够在整个数据集中的其他实例里进行区分,例如动量对比(MoCo)。但是,如果没有足够的计算资源进行迭代,这个目标会很难实现。虽然这种分布可能有利于下游的一些任务,但并不适合多源树种分类。

典型对比学习(PCL)是一种基于对比学习的无监督表示学习方法。与大多数对比学习方法不同,PCL 引入了原型作为隐藏变量,以帮助在期望最大化网络中找到网络参数的最大似然估计。PCL 使用了 ProtoNCE 损失,其是 InfoNCE 损失的广义版本,通过鼓励表示更接近其指定的原始样本进行对比学习。对于由相同类中的数据组成的清晰集群的分类需求来说,是很好的分布方式。而典型的无监督对比学习不能满足这一需求。ContrastNet 选择 PCL 作为方法的基本结构。

ContrastNet 应用于多源遥感影像中,可以降低对深度网络的需求,因为 ContrastNet 的网络只需要处理低维向量。通过对图像编码形成固定的向量(如 1024-d),将特征提取和对比学习分为两部分,降低每一部分的计算成本。在无监督条件下训练后,模型可以从分别从输入的 HSI 和 MSI 图像中提取特征。对小比例样本进行训练,获得良好的分类性能。

## 6.4.2　基于 M-SSL 模型的树种分类

根据代理任务提取的多源特征,进行下游树种分类任务,本书提出了多源自监督树种分类模型(M-SSL)。在介绍 M-SSL 之前,本书需要明确 PCL 的具体描述。训练数据集样本表示为 $X = \{x_1, x_2, \cdots, x_n\}$,$n$ 为样本数。PCL 的目标是寻找嵌入最佳输入,使图像 X 转换到维度 $W$,$W = \{w_1, w_2, \cdots, w_n\}$。转换函数 $w_i = f_g(x_i)$,其中,$w_i$ 能够最好的表示 $x_i$。目标函

数选择 InNCE 损失函数进行计算,公式如下:

$$L_{inNCE} = \sum_{i=1}^{n} - \log \frac{\exp(w_i \cdot w'_i / \tau)}{\sum_{j=0}^{n} (w_i \cdot w'_i / \tau)} \tag{6-8}$$

对于实例 $i$,$y'_i$ 为正嵌入,其他实例负嵌入 $r$,$\tau$ 为温度超参数。这些嵌入是通过将输入 $x_i$ 通过 $\varepsilon'$ 参数化的动量编码器得到的,表示为 $w'_i = f_{\varepsilon'}(x_i)$,其中 $\varepsilon'$ 是动量编码平均值。

当最小化 $L_{inNCE}$ 时,$w_i$ 和 $w'_i$ 之间的距离变近,$w_i$ 和 $r$ 负嵌入样本之间的距离变远。但是原始 $L_{inNCE}$ 损失函数因为使用固定参数 $\tau$,使其在一定的程度上具有相同的浓度。而计算 $w_i$ 与各负嵌入的距离时,其中一些负嵌入样本并不具有代表性。

因此,PCL 提出了新的损失函数 $L_{ProNCE}$。由公式 6-9 和 6-10 所示,基于 InfoNCE,ProtoNCE 的损失函数 $L_{Proto}$ 中使用参数 $c$ 代替 $w$,用每原型浓度估计参数 $\phi$ 代替原来的参数 $\tau$。

$$L_{Proto} = \sum_{i=1}^{n} - \left( \frac{1}{M} \sum_{m=1}^{M} \log \frac{\exp(w_i \cdot c_S^m / \phi_S^m)}{\sum_{j=0}^{r} (w_i \cdot c_j^m / \phi_j^m)} \right) \tag{6-9}$$

$$L_{ProNCE} = L_{inNCE} + L_{Proto} \tag{6-10}$$

M-SSL 的详细算法如算法 6-1 所示。M-SSL 算法中有两个编码器分别为查询编码和动量编码,查询编码器将 $x_i$ 映射到 $w_i$,动量编码器将 $x_i$ 映射到 $w'_i$。实际上,本书并不使用同一个 $x_i$ 来得到 $w_i$ 和 $w'_i$,而是两个适当的数据增强图像作为两个编码器的输入,以获得更好的性能。例如,本书可以通过对 $x_i$ 应用几何来生成 $x'_i$,通过对 $x_i$ 应用随机裁剪来获得 $x''_i$。然后用 $x'_i$ 和 $x''_i$ 得到 $w'_i$ 和 $w''_i$,查询编码器的参数可以用 $\varepsilon$ 表示,动量编码器的参数可以用 $\varepsilon'$ 表示,见公式 6-11。在算法 6-1 中,K-Means 是一种广泛应用于 GPU 的聚类算法。$c_m$ 是 $k_m$ 原型集(聚类中心)。公式 6-12 中,$\phi$ 表示浓度参数,同一簇 $c$ 中的动量特征为 $\{W'_z\}_{z=1}^{Z}$,$\alpha$ 为平滑参数,起到限制 $\phi$ 的作用,默认值设置为 10。Adam 用于更新查询编码器中的参数。

$$\varepsilon' = 0.999 * \varepsilon' + 0.001 * \varepsilon \tag{6-11}$$

$$\phi = \frac{\sum_{z=1}^{Z} ||w'_z - c||_2}{Z \log(Z + \alpha)} \tag{6-12}$$

**算法 6-1 多源自监督算法**

输入:高光谱自编码 $f_\varepsilon^H$,多光谱自编码 $f_\varepsilon^M$,高光谱训练数据 $X_H$,多光谱训练数据 $X_M$,聚类数量 $K = \{k_m\}_{m=1}^{M}$

1:循环 2 000 次:

2:$\varepsilon'_H = \varepsilon_H$,$\varepsilon'_M = \varepsilon_M$

3:$W'_H = f'_{\varepsilon,H}(X_H)$, $W'_M = f'_{\varepsilon,M}(X_M)$

4:$W' = W'_H$ 联合 $W'_M$

算法 6-1(续)

---

5：　　for m = 1 to M do：

6：　　计算参数 $C^m = k\text{-}means(W', k_m)$

7：　　计算参数 $\phi^m =$ 取集合$(c^m, w')$

8：　　for $x_H$, $x_M$ in $X_H$, $X_M$ do：

9：　　$w_H = f'_\varepsilon(x_H)$, $w'_H = f'_{\varepsilon, H}(x_H)$

10：　　$w_M = f'_\varepsilon(x_M)$, $w'_M = f'_{\varepsilon, M}(x_M)$

11：　　 $w = w_M$ 联合 $w_H$, $w' = w'_H$ 联合 $w'_M$

12：　　由公式 6-10 计算损失函数 $L_{M+H} = L_{ProNCE}(w, w', \{C^m\}_{m=1}^M, \{\phi^m\}_{m=1}^M)$

13：　　$\varepsilon = Adam(L_{ProNCE}, \varepsilon)$

14：　　$\varepsilon' = 0.999 * \varepsilon' + 0.001 * \varepsilon$

15：结束

---

提出的 M-SSL 与原来的 ContrastNet 算法相似,但有几个不同之处。首先,M-SSL 使用 HSI 和 MSI 同时提取的特征作为输入,而不是单一数据源。其次,多源自监督网络的结构更直接,更重视两种特征的融合部分,而不是"对比"部分。

图 6-4 是多源自监督网络结构图。采用期望最大化(EM)算法对多源自监督网络进行训练。在 E-step 中,将 HSI 和 MSI 的 VAE 特征融合输入到动量编码器中,然后计算 $C^m$ 和 $\phi^m$。在 M-step 中,根据 E-step 步中更新的特征和变量计算 $L_{ProNCE}$,然后通过反向传播更新查询编码器和平均动量编码器(公式 6-11 与 6-12)。同样,多源自监督网络中的所有卷积都由卷积层和批处理规范化层组成,每个线性层都结合一个 ReLU 层。512 个 HSI 和 512 个 MSI 的 AAE 和 VAE 特征融合后将被分块为 4×4×64。首先提取 64 张特征图,保留提取的空间信息。然后,特征图被输入多源自监督网络。由于前面的过程实现了特征提取,因此 M-SSL 的结构只需要做下游树种分类任务。M-SSL 只需要注意特征融合和对比学习。本书在 M-SSL 中采用了投影头的结构,即使用投影头的输出进行训练,使用头部前的特征进行测试。投影头作为一个非线性变换 $g(\ )$,嵌入变量 $w$ 是对比度特征 $z$ 的变换,如公式 6-13 所示。

$$w = g(z) \tag{6-13}$$

在训练阶段使用 $w$ 来监督多源自监督模型参数的更新,在测试阶段使用 $z$ 来进行下游树种分类工作。这样,提取出来的对比特征就会包含更多的原始特征,在测试阶段,只需要查询编码器来提取图 6-4 中的对比度特征,可以为多源自监督网络节省大量的测试时间。

通过 M-SSL 模型对多源树种特征学习,将其输入线性分类器 Softmax 中输出树种分类图,具体实验设置见下一节。

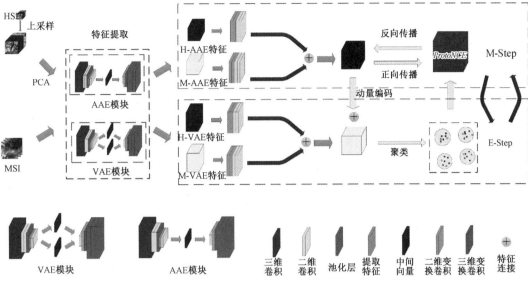

图6-4　多源自监督网络模型

# 6.5　实验结果与分析

本节设计实验对 M-SSL 进行分析和验证。主要包括实验设置、对比实验和参数分析三个部分。第一部分重点介绍了几个对比模型以及它们的参数设置。第二部分详细描述和分析了模型的实验结果。最后一部分对不同超参数对实验结果的影响进行了深入分析。

## 6.5.1　实验设置

为了验证本章提出的多源融合图卷积分类方法的有效性,本章实验依然以 2.2.4 节 3个树种数据集作为实验数据,选取比较经典的方法进行比较。数据训练样本和测试样本同3.2.1,评价指标同 2.4 节,分类器分别用 Softmax 分类和线性判别分析(LDA)。

参数设置对性能影响较大。为了保证实验的公平性,尽管数据的分辨率不同,我们固定了地面真值的分辨率。实验是在 Python3 环境下用 Pytorch 实现的。在该方法中,本书对输入预训练处理同第 5 章,作为多源自监督网络的输入。

表6-1 和 6-2 显示了 HSI 的 AAE 的编码器和解码器结构,表 6-3 和 6-4 显示了 MSI的 AAE 的编码器和解码器结构。判别式结构简单,故省略。隐码维为 128,提取的 AAE 特征是编码器中池化层的扁平输出(1024-d)。在训练阶段,本书使用两个 Adam 优化器对编码器和解码器进行优化,也使用两个 Adam 优化器对生成器和判别器进行优化。两个 Adam优化器的学习率都设置为 0.001,权重衰减设置为 0.000 5。优化器的学习速率为 0.000 1,且没有权重衰减。判别器的学习率设置为 0.000 05,也没有权值衰减。批量大小设置为

128。本书对 AAE 模块迭代训练 20 次，只保存编码器的参数。

表 6-1　H-AAE 自编码模型（-1 表示形状数组中的批大小）

| H-AAE 自编码参数设置 | |
| --- | --- |
| 层（类型） | 输出形状（shape） |
| Input | $[-1,1,15,15,15]$ |
| Conv3d | $[-1,8,13,13,13]$ |
| BatchNorm3d | $[-1,8,13,13,13]$ |
| Relu | $[-1,8,13,13,13]$ |
| Conv3d | $[-1,16,11,11,11]$ |
| BatchNorm3d | $[-1,16,11,11,11]$ |
| Relu | $[-1,16,11,11,11]$ |
| Conv2d | $[-1,32,9,9]$ |
| BatchNorm2d | $[-1,32,9,9]$ |
| Relu | $[-1,32,9,9]$ |
| Conv2d | $[-1,64,7,7]$ |
| BatchNorm2d | $[-1,64,7,7]$ |
| Relu | $[-1,64,7,7]$ |
| AdaptiveAvgPool2d | $[-1,64,4,4]$ |
| Linear | $[-1,512]$ |
| ReLU | $[-1,512]$ |
| Linear | $[-1,64]$ |

表 6-2　H-AAE 解码模型（-1 表示形状数组中的批大小）

| H-AAE 解码参数设置 | |
| --- | --- |
| 层（类型） | 输出形状（shape） |
| Input | $[-1,64]$ |
| Linear | $[-1,512]$ |
| ReLU | $[-1,512]$ |
| Linear | $[-1,21104]$ |
| ReLU | $[-1,21104]$ |
| ConvTransposed2d | $[-1,64,9,9]$ |
| BatchNorm2d | $[-1,64,9,9]$ |
| ReLU | $[-1,64,9,9]$ |
| ConvTransposed2d | $[-1,32,11,11]$ |
| BatchNorm2d | $[-1,32,11,11]$ |

表 6-2(续)

| H-AAE 解码参数设置 | |
| --- | --- |
| 层(类型) | 输出形状(shape) |
| Relu | $[-1,32,11,11]$ |
| ConvTransposed3d | $[-1,16,13,13,13]$ |
| BatchNorm3d | $[-1,16,13,13,13]$ |
| Relu | $[-1,16,13,13,13]$ |
| ConvTransposed3d | $[-1,8,15,15,15]$ |
| BatchNorm3d | $[-1,1,15,15,15]$ |

**表 6-3 M-AAE 自编码模型(-1 表示形状数组中的批大小)**

| M-AAE 自编码参数设置 | |
| --- | --- |
| 层(类型) | 输出形状(shape) |
| Input | $[-1,1,12,15,15]$ |
| Conv3d | $[-1,8,9,13,13]$ |
| BatchNorm3d | $[-1,8,9,13,13]$ |
| Relu | $[-1,8,9,13,13]$ |
| Conv3d | $[-1,16,5,11,11]$ |
| BatchNorm3d | $[-1,16,5,11,11]$ |
| Relu | $[-1,16,5,11,11]$ |
| Conv2d | $[-1,32,9,9]$ |
| BatchNorm2d | $[-1,32,9,9]$ |
| Relu | $[-1,32,9,9]$ |
| Conv2d | $[-1,64,7,7]$ |
| BatchNorm2d | $[-1,64,7,7]$ |
| Relu | $[-1,64,7,7]$ |
| AdaptiveAvgPool2d | $[-1,64,4,4]$ |
| Linear | $[-1,512]$ |
| ReLU | $[-1,512]$ |
| Linear | $[-1,64]$ |

表 6-5 和 6-6 显示了 HSI 的 VAE 的自编码和解码结构,表 6-7 和 6-8 显示了 MSI 的 VAE 的自编码和解码结构。隐藏码的维数也是 128,提取的 VAE 特征也是编码器中池化层的扁平输出(512-d)。在模型训练时,本模型的编码器和解码器都应用了两个 Adam 优化器进行优化。两个 Adam 优化器的学习率和权重衰减率都分别设置为 0.002 和 0.000 3。利用 VAE 编码器分别计算 HSI 和 MSI 隐藏码。然后将隐藏码输入解码器。批量大小设置

为64。本书对 VAE 模块进行了 50 次训练,分别保存高光谱和多光谱编码器的参数。

表6-4　M-AAE 解码模型(-1 表示形状数组中的批大小)

| 层(类型) | 输出形状(shape) |
|---|---|
| M-AAE 解码参数设置 | |
| Input | $[-1,64]$ |
| Linear | $[-1,512]$ |
| ReLU | $[-1,512]$ |
| Linear | $[-1,12704]$ |
| ReLU | $[-1,12704]$ |
| ConvTransposed2d | $[-1,64,9,9]$ |
| BatchNorm2d | $[-1,64,9,9]$ |
| ReLU | $[-1,64,9,9]$ |
| ConvTransposed2d | $[-1,32,11,11]$ |
| BatchNorm2d | $[-1,32,11,11]$ |
| Relu | $[-1,32,11,11]$ |
| ConvTransposed3d | $[-1,16,11,13,13]$ |
| BatchNorm3d | $[-1,16,11,13,13]$ |
| Relu | $[-1,16,11,13,13]$ |
| ConvTransposed3d | $[-1,8,12,15,15]$ |
| BatchNorm3d | $[-1,1,12,15,15]$ |

表6-5　H-VAE 自编码模型(-1 表示形状数组中的批大小)

| 层(类型) | 输出形状(shape) |
|---|---|
| H-VAE 自编码参数设置 | |
| Input | $[-1,1,15,15,15]$ |
| Conv3d | $[-1,8,13,13,13]$ |
| BatchNorm3d | $[-1,8,13,13,13]$ |
| Relu | $[-1,8,13,13,13]$ |
| Conv3d | $[-1,16,11,11,11]$ |
| BatchNorm3d | $[-1,16,11,11,11]$ |
| Relu | $[-1,16,11,11,11]$ |
| Conv2d | $[-1,32,9,9]$ |
| BatchNorm2d | $[-1,32,9,9]$ |
| Relu | $[-1,32,9,9]$ |
| Conv2d | $[-1,64,7,7]$ |

表 6-5（续）

| H-VAE 自编码参数设置 | |
|---|---|
| 层（类型） | 输出形状（shape） |
| BatchNorm2d | $[-1, 64, 7, 7]$ |
| Relu | $[-1, 64, 7, 7]$ |
| AdaptiveAvgPool2d | $[-1, 64, 4, 4]$ |
| Linear | $[-1, 512]$ |
| ReLU | $[-1, 512]$ |
| Linear | $[-1, 64]$ |

表 6-6　H-VAE 解码模型（-1 表示形状数组中的批大小）

| H-VAE 解码参数设置 | |
|---|---|
| 层（类型） | 输出形状（shape） |
| Input | $[-1, 64]$ |
| Linear | $[-1, 512]$ |
| ReLU | $[-1, 512]$ |
| Linear | $[-1, 21104]$ |
| ReLU | $[-1, 21104]$ |
| ConvTransposed2d | $[-1, 64, 9, 9]$ |
| BatchNorm2d | $[-1, 64, 9, 9]$ |
| ReLU | $[-1, 64, 9, 9]$ |
| ConvTransposed2d | $[-1, 32, 11, 11]$ |
| BatchNorm2d | $[-1, 32, 11, 11]$ |
| Relu | $[-1, 32, 11, 11]$ |
| ConvTransposed3d | $[-1, 16, 13, 13, 13]$ |
| BatchNorm3d | $[-1, 16, 13, 13, 13]$ |
| Relu | $[-1, 16, 13, 13, 13]$ |
| ConvTransposed3d | $[-1, 8, 15, 15, 15]$ |
| BatchNorm3d | $[-1, 1, 15, 15, 15]$ |

表 6-7　M-VAE 自编码模型（-1 表示形状数组中的批大小）

| M-VAE 自编码参数设置 | |
|---|---|
| 层（类型） | 输出形状（shape） |
| Input | $[-1, 1, 12, 15, 15]$ |
| Conv3d | $[-1, 8, 9, 13, 13]$ |
| BatchNorm3d | $[-1, 8, 9, 13, 13]$ |

表 6-7(续)

| 层(类型) | 输出形状(shape) |
|---|---|
| M-VAE 自编码参数设置 | |
| Relu | $[-1,8,9,13,13]$ |
| Conv3d | $[-1,16,5,11,11]$ |
| BatchNorm3d | $[-1,16,5,11,11]$ |
| Relu | $[-1,16,5,11,11]$ |
| Conv2d | $[-1,32,9,9]$ |
| BatchNorm2d | $[-1,32,9,9]$ |
| Relu | $[-1,32,9,9]$ |
| Conv2d | $[-1,64,7,7]$ |
| BatchNorm2d | $[-1,64,7,7]$ |
| Relu | $[-1,64,7,7]$ |
| AdaptiveAvgPool2d | $[-1,64,4,4]$ |
| Linear | $[-1,512]$ |
| ReLU | $[-1,512]$ |
| Linear | $[-1,64]$ |

多源自监督网络中的编码器结构相同,如表 6-9 所示。4 个输入为 512-d 向量,对比特征和投影特征的维数均为 64-d。本书使用 Adam 优化器训练多源自监督网络,学习率为 0.003,权值衰减设置为 0.001。负样品数量 $r=640$,批次数量为 128,$\tau=0.01$(公式 6-8),簇数量 $K=[2\,000,2500,3\,000]$。参考 ContrastNet 方法,本书只用公式 6-8 对网络进行 50 次迭代训练,然后用公式 6-10 对网络进行 200 次迭代训练。当训练周期大于 100 和 130 时,学习率将乘以 0.1。

表 6-8　M-VAE 解码模型(-1 表示形状数组中的批大小)

| 层(类型) | 输出形状(shape) |
|---|---|
| M-VAE 解码参数设置 | |
| Input | $[-1,64]$ |
| Linear | $[-1,512]$ |
| ReLU | $[-1,512]$ |
| Linear | $[-1,12704]$ |
| ReLU | $[-1,12704]$ |
| ConvTransposed2d | $[-1,64,9,9]$ |
| BatchNorm2d | $[-1,64,9,9]$ |
| ReLU | $[-1,64,9,9]$ |

**表 6−8**（续）

| M−VAE 解码参数设置 | |
|---|---|
| 层（类型） | 输出形状（shape） |
| ConvTransposed2d | $[-1,32,11,11]$ |
| BatchNorm2d | $[-1,32,11,11]$ |
| Relu | $[-1,32,11,11]$ |
| ConvTransposed3d | $[-1,16,11,13,13]$ |
| BatchNorm3d | $[-1,16,11,13,13]$ |
| Relu | $[-1,16,11,13,13]$ |
| ConvTransposed3d | $[-1,8,12,15,15]$ |
| BatchNorm3d | $[-1,1,12,15,15]$ |

**表 6−9 多源自监督模型（−1 表示形状数组中的批大小）**

| M−SSL 参数设置 | |
|---|---|
| 层（类型） | 输出形状（shape） |
| Input | $[-1,1024]$ |
| ConvTransposed2d | $[-1,64,6,6]$ |
| BatchNorm2d | $[-1,64,6,6]$ |
| Relu | $[-1,64,6,6]$ |
| ConvTransposed2d | $[-1,64,8,8]$ |
| BatchNorm2d | $[-1,64,8,8]$ |
| Relu | $[-1,64,8,8]$ |
| Conv2d | $[-1,128,6,6]$ |
| BatchNorm2d | $[-1,128,6,6]$ |
| Relu | $[-1,128,6,6]$ |
| Conv2d | $[-1,64,4,4]$ |
| BatchNorm2d | $[-1,64,4,4]$ |
| Relu | $[-1,64,4,4]$ |
| Conv2d | $[-1,32,2,2]$ |
| ReLU | $[-1,32,2,2]$ |
| Linear | $[-1,128]$ |
| ReLU | $[-1,128]$ |
| Linear | $[-1,128]$ |

## 6.5.2 对比实验

本书使用整体准确率（OA）和平均准确率（AA）作为性能评价指标。几种对比模型包含三种监督方法:它们是线性判别分析(LDA),深度卷积神经网络(1D-CNN),监督式深度特征提取模型(supervised deep feature extraction,S-CNN)。三种无监督模型:自编码典型对比学习(CUFL),对抗性自编码模型(AAE),变分自编码模型(VAE)。

所有实验重复三次,本书记录所有结果的平均值。为了说明 M-SSL 强大的特征学习能力,本书以分类作为应用来验证性能。作为一种简单常用的分类器,SVM 被用来突出提取的特征的有效性,这些特征由多源自监督网络学习。表 6-10、表 6-11 和表 6-12 为 7 种方法对 3 个数据集的分类结果,监督算法之前章节已经做过实验,本章只列出无监督分类图。

表 6-10　数据集(1)树种分类精度表

| | 监督算法 | | | 无监督算法 | | | |
|---|---|---|---|---|---|---|---|
| | LDA | 1D-CNN | S-CNN | CUFL | AAE | VAE | M-SSL |
| 白桦 | 71.70 | 72.20 | 76.32 | 79.44 | 78.23 | 75.32 | 78.18 |
| 落叶松 | 72.89 | 80.37 | 80.92 | 73.69 | 79.38 | 80.31 | 80.82 |
| 樟子松 | 61.50 | 63.82 | 75.95 | 76.68 | 75.94 | 72.27 | 78.38 |
| 山杨 | 56.4 | 69.15 | 77.68 | 77.45 | 78.00 | 78.87 | 79.20 |
| 柳木 | 56.70 | 62.47 | 57.88 | 73.17 | 74.23 | 72.98 | 73.96 |
| 云杉 | 61.02 | 54.45 | 73.62 | 72.83 | 73.77 | 72.77 | 73.25 |
| OA(%) | 68.65 | 69.61 | 76.25 | 76.76 | 77.41 | 75.83 | 80.60 |
| AA(%) | 66.36 | 71.98 | 74.49 | 76.82 | 78.51 | 75.75 | 79.87 |
| Kappa(%) | 65.71 | 68.17 | 66.81 | 75.30 | 76.42 | 74.31 | 79.17 |

表 6-11　数据集(2)树种分类精度表

| | 监督算法 | | | 无监督算法 | | | |
|---|---|---|---|---|---|---|---|
| | LDA | 1D-CNN | S-CNN | CUFL | AAE | VAE | M-SSL |
| 白桦 | 57.65 | 65.601 | 67.09 | 71.50 | 76.48 | 74.17 | 77.20 |
| 落叶松 | 71.94 | 71.325 | 72.10 | 80.28 | 81.08 | 80.72 | 81.18 |
| 樟子松 | 57.40 | 69.69 | 64.64 | 73.26 | 72.00 | 70.82 | 74.42 |
| 山杨 | 56.40 | 48.96 | 65.18 | 79.11 | 70.98 | 74.27 | 75.24 |
| 柳木 | 54.72 | 65.35 | 65.65 | 54.03 | 64.18 | 60.36 | 76.10 |
| 云杉 | 62.82 | 63.45 | 64.62 | 62.37 | 63.77 | 62.77 | 73.25 |
| OA(%) | 54.37 | 60.95 | 67.85 | 75.69 | 75.08 | 70.28 | 79.69 |
| AA(%) | 55.05 | 63.36 | 70.04 | 67.29 | 70.39 | 68.68 | 77.92 |
| Kappa(%) | 53.89 | 61.02 | 67.69 | 62.84 | 69.13 | 64.38 | 74.64 |

表6-12 数据集(3)树种分类精度表

| | 监督算法 | | | 无监督算法 | | | |
|---|---|---|---|---|---|---|---|
| | LDA | 1D-CNN | S-CNN | CUFL | AAE | VAE | M-SSL |
| 白桦 | 72.71 | 47.42 | 64.19 | 72.43 | 72.14 | 70.07 | 79.34 |
| 落叶松 | 77.83 | 55.53 | 65.97 | 73.16 | 71.98 | 76.69 | 80.33 |
| 樟子松 | 74.47 | 48.89 | 57.88 | 72.46 | 75.78 | 74.12 | 76.84 |
| 山杨 | 43.83 | 37.93 | 60.17 | 71.33 | 70.72 | 72.73 | 79.92 |
| 柳木 | 53.14 | 69.29 | 72.18 | 75.81 | 76.60 | 75.38 | 76.29 |
| 云杉 | 50.43 | 77.45 | 75.69 | 78.47 | 65.37 | 64.06 | 75.83 |
| OA(%) | 60.49 | 55.43 | 67.21 | 74.56 | 70.71 | 69.11 | 76.54 |
| AA(%) | 60.01 | 62.60 | 63.61 | 74.52 | 68.61 | 67.80 | 74.06 |
| Kappa(%) | 55.34 | 54.69 | 62.75 | 73.68 | 65.89 | 63.17 | 73.65 |

使用数据集(1)的分类结果如表6-10和图6-5所示。这些结果表明,M-SSL在数据集(1)取得了最好的性能,精度接近于80%。由于数据集(3)中树种稍微复杂,比较难分类,但M-SSL也达到了76%,分类效果高于其他模型。数据集(2)分类结果如表6-11和图6-6所示。与数据集(1)类似,本书提出的方法在落叶松类中表现最好,其他的5个树种分类也优于其他方法。但是从表6-12和图6-7中数据集(1)的结果来看,本书模型的平均精度在79%左右,优于AAE。假定这是由于最后一类中的训练样本数量较少造成的。考虑到整体性能,本书的研究结果证明了基于深度学习的M-SSL对多源树种的可行性。该模型是一种很有前景的多源遥感图像分类模型,值得进一步研究。尽管本书的模型在没有标签信息的情况下也能工作,但其只稍弱于全监督方法。此外,与LDA最好的68%的分类结果相比,本书得出结论,基于深度学习的模型优于基于机器学习的方法。

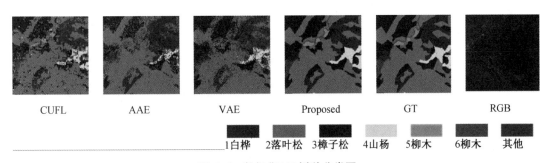

图6-5 数据集(1)树种分类图

根据上述实验结果和分析,本书的模型可以有效地提取无监督条件下的特征。它适合于接受缺乏标签所带来的挑战。本书的研究成果证明了M-SSL模型对于多源影像树种分类是适用的。此外,传统计算机视觉的网络模型并不适用于多源树种分类。与二维卷积网络相比,三维卷积网络可以提供更好的遥感影像分类结果。提出的多源自监督网络与传统计算机视觉任务中使用的混合卷积模型相同。本书只改变了模型的大小,这表明计算机视觉模型在多源遥感影像分类方面具有巨大的潜力。本书的方法的另一个重要部分,对比学习,依赖于输入图像的数据增强。

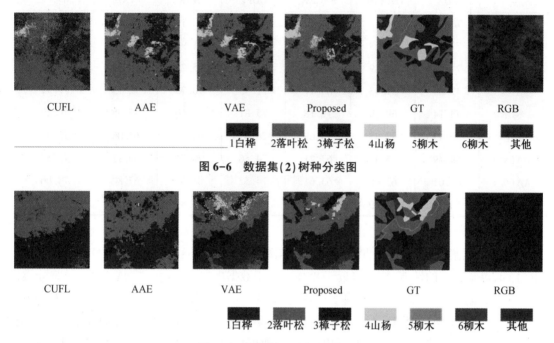

CUFL　　　　AAE　　　　VAE　　　　Proposed　　　　GT　　　　RGB

1白桦　2落叶松　3樟子松　4山杨　5柳木　6柳木　其他

图 6-6　数据集(2)树种分类图

CUFL　　　　AAE　　　　VAE　　　　Proposed　　　　GT　　　　RGB

1白桦　2落叶松　3樟子松　4山杨　5柳木　6柳木　其他

图 6-7　数据集(3)树种分类图

针对传统计算机视觉中的一些数据论证方法不适用于多源遥感影像分类的问题,采用了图像翻转、删除某些点的光谱信息等方法对数据进行扩充。在数据增强方法数量较少的情况下,对比学习方法可以比代表性学习方法取得更好的性能。随着数据增强方法的增多,对比学习方法对多源遥感影像分类的精度可能会提高。

## 6.5.3　参数分析

滑动窗口大小参数和温度值参数 $\tau$ 可能会影响本书的模型的性能,因此本书对其进行了实验。$\tau$ 参数分别设置为 0.01、0.025、0.05、0.075、0.1,滑动窗口参数分别设置为 12,15,17,19,21。用不同的参数,在本书的数据集中记录分类结果的 OA。如图 6-8,6-9,6-10 所示,在各种参数下,多源自监督模型特征的分类结果明显优于 AAE 特征和 VAE 特征。$\tau$ 值只影响多源自监督模型特征,因此 VAE 特征和 AAE 特征与 $\tau$ 没有相关性。多源自监督模型特征在训练对比网络时的表现与 $\tau$ 有关。从图中不难看出,当 $\tau$ 为 0.01 时,多源自监督模型特征可以得到最好的分类结果。

此外,随着窗口大小的增加,VAE 和 AAE 特征的性能都有所提高。这可能与批次中空间信息的增加有关。然而,窗口大小的改变并没有对对比特征的性能产生巨大的影响。由于多源自监督模型可以从对比学习中获得有价值的信息,而增加空间信息的贡献价值相对有限。实验结果表明,多源自监督模型是一个鲁棒性强、参数不敏感的模型。

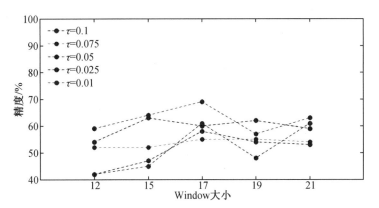

**图 6-8** AAE 编码的参数 OA 图。当改变温度值和窗口大小时，AAE 的性能不同。图中 $\tau$ 值表示公式 6-8 中的温度参数，横轴为输入 patch 的窗口大小。

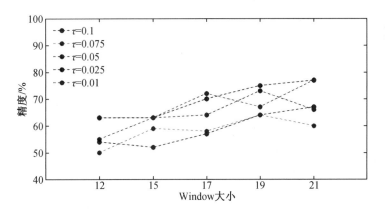

**图 6-9** VAE 编码的参数 OA 图。当改变温度值和窗口大小时，AAE 的性能不同

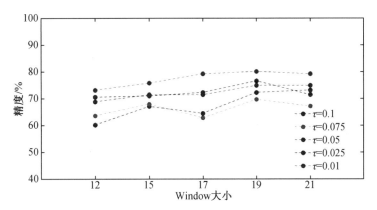

**图 6-10** 多源自监督编码的参数 OA 图。当改变温度值和窗口大小时，AAE 的性能不同。图中 $\tau$ 值表示公式 6-8 中的温度参数，横轴为输入 patch 的窗口大小

# 6.6 本章小结

  本章提出了一种基于多源自编码器和对比学习的自监督特征学习方法。该方法结合了自编码表示学习和自监督判别方法学习,能够比其他方法提取出更优的特征用于高光谱和多光谱遥感影像数据的树种分类。在该方法中,本书设计了两种数据源的高效自编码器和结构,其分别为高光谱和多光谱数据的变分自编码和对抗自编码结构,并设计了一个用于对比学习的多源特征学习网络模型,把多源特征通过聚类方式过滤负样本,从而减少了对比学习对计算资源的需求。事实上,多源特征学习模块可以被其他特征学习模型替换。实验结果精度接近于80%,较其他方法提高了5%,该方法能够提取出更多具有代表性的特征,并且在测试阶段具有较高的特征提取速度。本书的工作表明,自监督学习在林业遥感领域仍然有很大的潜力。

# 第7章　基于对比学习的小样本多模态模型分类

尽管基于深度学习的方法在遥感图像分类方面取得了重大进展,但在有限数量的标记样本下,监督学习范式存在不足,这在很大程度上制约了多源遥感数据的树种分类性能。在本章中,我们研究了一种有效的小样本对比学习(FCLN)架构,用于多模态遥感图像的多视图树种分类。具体来说,我们利用多视图学习策略从多模态遥感影像中构建多个视图。该方法从高光谱和多光谱遥感影像数据中构建相同场景的若干个互补视图。然后构建深度特征提取器,通过对比学习从每个视图中学习高级特征表示。对比学习对同一场景的样本进行聚合,在潜在空间中对不同场景的样本进行分离,该过程不需要任何标注信息。此外,为了从不同的角度学习鲁棒性更强的特征,我们利用多任务学习策略来训练特征提取网络。最后,采用一种轻量级的机器学习方法,使用少量标注样本对学习到的特征进行分类。为了进一步证明该模型的自监督特征学习能力,我们对多个树种数据集上训练特征表示模型。通过特征学习和分类实验证明该方法的有效性和先进性。

## 7.1　基于小样本的多模态分类研究

根据不同的学习范式,本文将现有的小样本图像分类算法归纳为四类:基于迁移学习、基于元学习、基于数据增强和基于多模态。(1)基于迁移学习的方法旨在将在某一领域或任务中学到的知识应用到不同但相关的领域或问题中。基于迁移学习的方法根据机制的不同又可分为基于实例的方法、基于特征的方法和基于微调的方法。(2)基于元学习的方法利用之前的知识和经验来指导新任务的学习,使模型具有学习学习的能力。根据机制的不同,元学习方法又分为基于模型的方法、基于优化的方法和基于度量的方法。(3)基于数据增强的方法通过对现有数据的各种处理来扩展训练集,解决训练数据不足的问题。根据增强方式的不同,可分为基于数据生成的增强方法和基于特征增强的增强方法。(4)基于多模态的方法利用多模态之间的互补性,消除模态之间的冗余,从而获得更好的特征表示。基于多模态的方法有两种实现方式:基于知识转移的方法和基于度量的方法。

### 7.1.1　基于迁移学习方法

基于迁移学习的方法主要难点在于当新的数据类别出现时,而每个类别都没有标记的训练样本时,如何优化模型。考虑到相关领域有足够的已知标记数据,可以通过迁移学习来解决这个问题。迁移学习的学习过程示意图如图 7-1 所示。

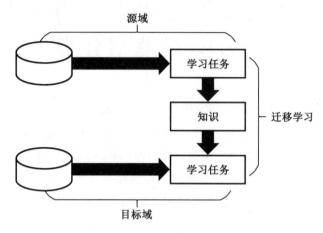

图 7-1　迁移学习过程

迁移学习作为一种机器学习方法,将源域有用的先验知识转移到目标域,有利于少量学习。利用源域的先验知识,即使在样本较少的情况下,也可以提高目标域学习任务的性能。在某些情况下,当源域和目标域不相关时,强制迁移可能会失败。在最坏的情况下,甚至可能损害目标领域的学习性能,被称为负迁移。一般情况下,当源域数据充足,目标域数据较少时,这种场景适用于迁移学习。根据迁移学习过程中不同的机制和技术手段,迁移学习方法分为基于实例、基于特征和基于微调三种方法。

(1)基于实例的迁移学习。在迁移学习中,当某类样本在目标域出现的概率很高,而在源域出现的概率很低时,泛化的风险就很高。基于实例的迁移学习是寻找一种方法来对输入样本特征进行加权。基于实例的迁移学习研究如何从源域中选择对目标域中训练有用的样例,如有效地为源域中标记的数据实例分配权重,从而保证源域中的实例分布与目标域中的实例分布接近,从而在目标域中建立具有较高分类精度的可靠学习模型。基于实例的迁移学习原理图如图 7-2 所示。

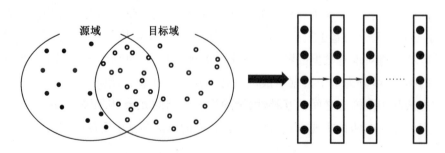

图 7-2　基于实例的迁移学习原理图

TradaBoost 方法使用基于 Adaboost 的方法过滤掉源域中与目标域中不同的实例。实例在源域中重新加权,形成与目标域相似的分布。最后,利用源域的重新加权实例和目标域的原始实例对模型进行训练。由于难以测量任何独立源域与目标域之间的相关性，TaskTradaBoost 的增强方法，对 TradaBoost 进行了扩展，最大限度地减少不相关源域负迁移对知识迁移的影响。该方法可以促进新目标域的快速再训练。Festra 迁移学习方法主要用于处理区域间砂岩微观图像分类问题。该方法包括特征选择和 E-TradaBoost；后者结合了特征和实例转移技术。特征选择的目的是过滤掉目标域和源域之间差异较大的特征，而 E-TradaBoost 的目的是减少不同区域采集的切片图像之间的差异。因此来自多个区域的标记实例可以用来训练高质量的分类器，以便在目标领域进行预测。为了解决负迁移的影响，类比迁移学习(Analogical transfer Learning, ATL)遵循类比策略，首先学习一个修改后的源假设，然后将修改后的源假设和目标假设(仅用少量样本训练)转换成一个类似的假设，该算法在实例和假设两个层面上有效地控制了负迁移的发生，具有较好的泛化能力。

(2)基于特征的迁移学习。在迁移学习中，源域和目标域的特征空间很难有很好的重叠，因此需要在特征空间的基础上寻找有用的特征。基于特征的迁移学习算法关注的是如何找到源领域和目标领域之间的共同特征表示，然后利用这些特征进行知识迁移，可以很好地解决这一问题。域自适应方法通过寻找低维特征空间减小边缘分布的差异。此外，当存在多个源域时，域级度量 ROD 通过计算每个源域与目标域之间的距离，选择合适的源域进行传输。在迁移学习中，在某些情况下可以使用大量未标记的异构源数据来提高特定目标学习者的预测性能，异构迁移学习图像分类(Heterogeneous Transfer Learning Image Classification, HTLIC)方法，利用大量可用的未标记源域数据创建一个共同的潜在特征输入空间，以提高目标分类器的预测性能。实验表明，该方法可以有效地用于图像分类任务。异构迁移学习方法通过构造元特征在具有不同特征空间的域之间进行知识迁移，并将不同特征空间中的特征关联起来。深度网络已经成功地应用于学习可转移特征，使模型从源域适应不同的目标域。联合自适应网络(Joint Adaptation Networks, JAN)基于联合最大平均差原则，通过对齐多个域特定层跨域的联合分布来学习传输网络。此外，一种新的深度网络无监督域自适应方法，残差转移网络(Residual Transfer network, RTN)可以实现自适应分类器和可转移特征的端到端学习。

(3)基于微调的迁移学习。在深度学习的研究中，通常很少有大规模的数据集用来训练网络模型，导致分类结果很差。基于微调的方法可以减小对大规模训练数据集的依赖，从而提高分类效果。基于微调的迁移学习方法首先在另一个大数据集上训练模型，然后将训练得到的权值作为新任务(小样本数据集)的初始权值，最后以更小的学习率重新训练模型。该方法的优点是可以减少训练参数的数量，有利于克服过拟合。

CNN 在计算机视觉领域取得了优异的成绩，但 CNN 模型的训练往往需要大量的标记数据，在小数据集上的性能会变差。为了解决这一问题，微调方法被众多学者提出。首先，将传统 CNN 模型在 ImageNet 等大型数据集上进行预训练，然后针对下游任务进行微调。该方法修改了整体预训练框架，通过删除激活层添加两个具有可学习参数的自适应层，而其余参数被锁定。选择性联合微调迁移学习方法将一些训练足量的任务引入到当前任务中进行联合训练。引入的辅助任务选择与当前主任务的训练集中的部分具有相似底层特征的图像。使用直接获得的迁移数据辅助主要任务的训练，能够有效地降低由于训练数据不足导致的过拟合风险,提高模型的分类精度。目前,许多基于迁移学习的小样本学习方法都是在基础数据集上进行预训练,然后在新的小样本数据集上进行微调。然而,如何选择最佳的基础数据集进行预训练仍然是一个难题。通过指导基本类别的选择改进了小样本的学习算法,首先引入相似比(SR)的概念来描述基本数据集的类别选择与新数据集的分类效果之间的关系,然后将基类选择问题进一步表示为基于SR的子模型优化问题,最后利用贪心算法求出该问题的最优解。

## 7.1.2　基于元学习方法

深度学习已经取得了巨大的成功,并在计算机视觉和自然语言处理等许多应用中成为一种实用的方法。然而,在很大程度上依赖于大量标记的训练数据。元学习作为解决少量学习问题的一种方法,试图学会如何学习。元学习的目标是使模型仅从少量数据样本中学习如何承担新任务。元学习对于机器学习来说是必不可少的,也是非常具有挑战性的。根据机制的不同,元学习分为基于模型、基于优化和基于度量三种方法。图7-3展示了元学习在图像分类领域的应用示例。

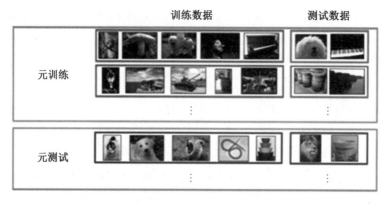

图7-3　基于元学习算法的图像分类

1. 基于模型的元学习方法

该方法是利用在不同任务中学习到的一般知识来生成模型的一些参数,使模型能够自适应地求解相应的任务,从而提高少量学习分类任务的性能。元迁移学习(Meta-Transfer Learning, MTL)结合迁移学习和元学习的优点,引入缩放和平移参数来调整权重参数以满足新任务的需求,该方法避免了更新整个网络的权值参数,减少了过拟合问题。此外,深度卷积神经网络提高了特征表示的能力。

过程学习方法对网络进行由简单到困难的训练,有效提高了损失收敛速度和分类效果,该方法由交错时间卷积层和因果注意层组成,交错时间卷积层学习训练样本的一般特征向量,从过去的经验中聚合信息,因果注意层从收集到的经验中选择信息推广到新的任务中,可以有效地完成少量学习任务。基于最大熵块采样算法的强化学习模型解决了小样本分类任务,该模型将图片分成若干块,然后形成块序列进行学习。该方法可以引导网络选择图片中有价值的部分进行观察,而不会在背景区域浪费资源,在一定程度上提高了模型的学习效率。基于模型集成的小样本学习算法将多个模型集成在一起,通过投票或对每个模型的输出结果进行平均计算最终结果。该算法采用集成学习来减少分类器之间的分歧,提高小样本学习的效果。

2. 基于优化的元学习方法

在少量图像分类任务中,由于训练样本数量较少,模型通常会出现过拟合的情况,在训练过程中,学习器通常需要进行数百万甚至数千万次的迭代训练才能收敛,以获得更好的结果。这些问题不仅影响了学习器的性能,也影响了模型的分类效率。基于优化的元学习方法是小样本学习领域的一个重要分支。这类算法试图通过元学习获得更好的初始化模型或梯度下降方向,并通过元学习方法优化模型的初始化参数,使学习器在相应的任务中收敛更快,只需要少量的样本就能快速学习。一些现有的方法使用额外的神经网络,如长短期记忆(LSTM)作为元学习器来训练模型。基于 LSTM 开发的元学习器,展示了如何将优化算法的设计转化为学习问题,其通过适当的参数更新和学习模型实现初始化。与 LSTM 相比,记忆增强神经网络(Memory Augmented Neural Network,MANN)训练神经图灵机(Neural Turing Machine,NTM),将其作为元学习器,该模型具有增强记忆的能力,使用显示的外部存储模块保留样本特征信息,使用元学习算法优化 NTM 的读写过程。写入过程将特征信息与相应的标签紧密关联,读取过程对特征向量进行准确分类,最终实现有效的小样本分类和回归任务。

模型不可知论元学习(Model Agnostic metearning,MAML)首先其训练网络具有共同特征提取的能力,然后在此基础上进一步训练使网络快速适应新任务,即通过学习获得灵敏度高的参数初始化状态,其中参数的微小变化可以极大地改善学习损失。该方法之所以被认为是不可知的,因为它可以直接应用于任何梯度下降过程训练的学习模型。但缺点是模型的容量有限,只学习初始化参数,一般只适用于浅层网络。基于 LSTM 的元学习方法使用 LSTM 网络作为外部网络,学习内部网络的优化参数。该方法模型容量大,但由于 LSTM 训练过程复杂,收敛速度慢,不实用。因此,一种折中的方法 Meta-SGD,沿用了 MAML 方法,内部层训练和外部层训练只需要相同的网络结构。通过元学习,初始化参数、学习速率、同时学习更新方向,训练后的模型可以很容易地微调以适应新的任务。与 MAML 算法相比,该算法的模型容量得到了提高。与 LSTM 相比,该算法的训练难度明显降低。

但是,基于优化的元学习方法存在一个潜在的问题,即模型在训练过程中容易对训练任务产生偏好,从而导致模型泛化能力下降。为了解决这个问题,任务不可知论元学习(Task-Agnostic Meta-Learning,TAML)方法,在 MAML 的基础上进一步改进。在原有的基础上,通过正则化明确要求模型的参数对不同的任务没有偏好,从而提高模型对新样本的泛化能力。

3. 基于度量学习的元学习方法

其是一种空间映射的方法,它可以学习到一个特征空间,将所有数据转换成一个特征向量,并且相似样本的特征向量之间的距离小于不同样本的特征向量之间的距离,以便对数据进行区分。通过比较数据样本之间的相似性,出现了几种专门用于基于度量的元学习的模型,特别是针对少量分类任务。将 Siamese 神经网络引入到少量分类任务中。关系网络(RN)从头开始进行端到端训练,框架简单、灵活、通用性强,RN 中的分类器从每个类别中学习几个样本,以端到端方式训练网络,并调整嵌入和距离指标,实现有效的小样本图像分类。匹配网络(Matching Networks, MN)嵌入函数,使用注意核中的余弦距离来度量相似度,图 7-4 显示了 MN 的体系结构,其中 $g_\theta$ 和 $f_\theta$ 分别是训练数据和测试数据的编码函数。原型网络(PN)将示例映射到 p 维向量空间,从而使给定输出类别的示例彼此接近,然后,计算每个类别的原型(平均向量)。新的样本将被映射到相同的向量空间,距离度量将被用来在所有可能的类别中创建激活函数对样本进行分类。在此基础上,将 PN 扩展到半监督学习中。

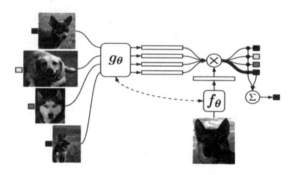

图 7-4　匹配网络的结构图

普通的 CNN 特征提取网络只会在目标物体的位置获得高响应。在这种情况下,如果支持集中的图像目标对象与查询集中的图像目标对象不在同一位置,则得到的特征映射将不能很好地对应。位置感知关系网络(Position-Aware Relation Networks, PARN)在 RN 的基础上进行了改进,解决上述问题,首先其利用变形特征提取器(Deformable Feature Extractor, DFE)在提取更多有用的特征,从而提高相似性强的效果。通过双相关注意(Dual Correlation Attention, DCA)机制对查询集图像和支持集图像之间任意两个像素的相关信息进行聚合,该方法使用的参数较少,效果较好。

在现有的元学习方法中,基于度量的方式直接计算查询集图像和支持集图像之间的距离可能会产生歧义,因为主要对象可以位于图像上的任何位置。为了解决这一问题,语义对齐度量学习(Semantic Alignment Metric Learning, SAML),通过收集和选择策略对语义相关的主要对象进行对齐。首先计算关系矩阵,收集从查询集图像中提取的三维张量的每个局部区域对与支持集图像的平均张量之间的距离,然后利用注意机制选择关注语义相关的局部区域对,最后通过多层感知器将加权关系矩阵映射到其对应的相似度。基于交叉参与和重加权的判别特征(CAD)的小样本图像分类策略引入单个共享模块,通过计算互相关分数生成特征的集中关注表示。该方法可以有效地重新加权特征,提高性能,并更好地泛化跨域任务。深度布朗距离协方差(Deep Brownian Distance Covariance, DeepBDC)通过计算 BDC 矩阵来表示输入图像,通过对应 BDC 矩阵的内积可以得到一对图像更精确的相似度,大大提高了小样本图像分类的性能。引入 SetFeat 进行集合特征提取,从图像中提取一组特征向量,并通过在网络的不同阶段嵌入基于浅自注意力机制的映射器生成另一组特征向量。在训练和推理过程中,使用集对集匹配度量来建立集特征空间中图像之间的相似性,从而对小样本图像进行分类。图由边和节点组成,其构造过程包括边的生成和节点的更新,边的表示是对图中节点之间关系的度量,近年来,基于元学习的图神经网络在小样本学习中受到越来越多的关注。GNN 可以归结为嵌入学习,通过将样本映射到特征空间中,然后测量样本之间的关系,根据测量距离对样本进行分类。因此,图神经网络本质上是一种基于度量的方法来实现小样本学习。节点可以表示训练集中的单个样本,边缘可以表示样本之间的相关性,依靠图中节点之间的信息传递来捕捉图中的依赖关系,具有较强的表示能力。

相比之下,边缘标记图神经网络(EGNN)学习预测图上的边缘标签而不是节点标签,并基于先验知识显式地建模样本之间的相似性。通过深度神经网络获取节点特征的传导传播网络(Transductive Propagation Network, TPN)使用卷积块提取的样本特征作为图网络的输入,并根据图网络的输出特征将标签从支持集样本转移到查询集样本。分布传播图网络(distributed Propagation Graph Network, DPGN)不仅关注样本之间的关系,还引入了一种通过样本分布进行标签传播的图网络方法,将实例级与分布级的关系整合起来,在点图与分布图之间传递信息,实现图像分类。

通过训练多个相似的小样本学习任务来获得分类器的先验知识,然后使用具有少量标签样本的新类对节点进行分类。基于图神经网络的小样本学习算法基于基本类别的权值向量和少量新样本进行更新,得到新样本对应的类别权值向量,既能识别新样本,又能保留基本类别的分类能力。为了快速更新权值参数,在 GNN 中引入了去噪自动编码器(DAE)。在初始权向量上加入高斯噪声,对初始权向量进行恢复重构,权重更新的方向由所构造的向量与初始向量的差值来引导。图节点特征的表示能力是影响图卷积网络学习性能的重要因素。一种改进的图卷积网络模型利用交叉注意机制将支持集和查询集的图像特征关联起来,通过信息聚类提取出比图节点初始化特征更具代表性和判别性的显著区域特征。优化后的图节点特征通过图网络传递信息,隐含地增强了类内样本的相似性和异类样本的差异性,从而增强了模型的学习能力。

## 7.1.3　基于数据增强方法

小样本学习的根本问题是样本数量太少,导致样本多样性降低,容易导致模型过拟合。当数据量有限时,可以通过基于数据增强的方法扩展数据集中样本的数量和类别,以提高样本多样性,防止训练过程中出现过拟合的情况。在深度学习发展之初,数据增强通常是通过对样本数据进行一些变换生成新的样本。这些转换包括旋转、变形、缩放、裁剪和颜色转换等操作。随着小样本学习的不断发展,更先进的数据增强方法不断被提出。根据增强方法的不同,其分为基于数据生成和基于特征增强的两种方法。

1.基于数据生成的方法

基于数据生成的方法旨在为少数类别生成新的样本数据,以达到数据增强的目的。虽然数据增强可以在一定程度上扩展数据集中的样本数据,减少小样本学习中的过拟合问题,但由于样本数据量小,变换模式受到限制。虽然在一定程度上提高了训练效果,但不能完全解决过拟合问题。生成对抗网络(GAN)由一个生成器和一个鉴别器组成。该模型的任务是训练两个竞争网络进行动态博弈。生成器生成的图像尽可能与真实图像相似,目的是防止鉴别器判断该图像是真实图像还是由生成器生成的图像。鉴别器尽可能准确地将生成器生成的图像与真实图像区分开来。针对特定任务生成样本来扩展训练集,并将 GAN与小样本分类网络相结合,使生成的样本更适合于小样本学习。在图像生成对抗模型的基础上,数据增强生成对抗网络(Data Augmentation Generative adversarial Networks, DAGAN)从源域获取图像数据,并将其输入到编码器中,将其投影成低维向量。将转换后的随机矢量连接到解码器以生成增强图像。MetaGAN 模型将 GAN 与部分分类网络结合进行训练,帮助小样本分类器学习更清晰的决策边界,从而有助于提高小样本学习的性能。

对抗特征幻觉网络(Adversarial Feature Hallucination Networks, AFHN)使用条件生成对抗网络生成样本用于数据集的扩展。通过加入分类正则化器和抗崩溃正则化器,提高了生成样本的识别能力和多样性,使其能够应用于少采样学习。AFHN 的框架如图 7-5 所示。

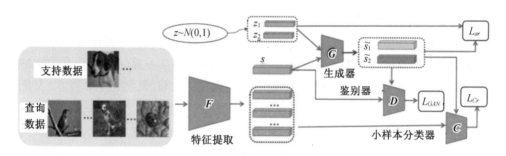

图 7-5 对抗特征幻觉网络结构图

除了上述基于 GAN 的方法之外,还有一些其他的方法也可以解决数据不足的问题。小样本学习可以从少量样本中识别出新的对象类别。为了保证样本多样性,基于复杂图像的小样本学习的数据增强方法对同一类别的两个样本特征向量进行变换,然后将其应用于新类别的样本特征向量,生成一个新样本,并将其加入新类别的训练集中。原型匹配网络(Prototype Matching Networks, PMN)将图像合成器、特征提取网络和分类器组合成一个网络进行端到端训练。利用分类损失来指导图像合成器的训练,使其输出能够满足分类需要的图像。基于关系网络,使用显著目标检测算法将图像分割为前景和背景,然后将不同图片的前景和背景合并,形成更多的复合图像,从而扩展数据集。

2. 基于特征增强的方法

数据增强不仅可以通过增加图像样本来扩大训练样本的数量,还可以通过增强数据的特征空间来实现数据增强的操作。即使图像发生变形,某些信息丢失,人类也能很容易地识别出图像中物体的类别。变形后的图像虽然在视觉上可能不真实,但仍然保留了关键的语义信息。受最新元学习的启发,图像变形元网络(IDeMeNet)将元学习器与图像变形子网络相结合,生成额外的训练样本,并以端到端方式优化这两个模型。在属性空间中期望属性值的条件下,通过合成样本特征来进行数据增强的方法(Attribute Guided augmentation,AGA)将图像样本映射到属性空间,并训练模型的编码器-解码器,使模型生成不同深度和状态的图像。基于改进自编码器的数据增强方法 D-encoder 利用自动编码器(AE)提取训练类别实例对之间的变化和差异,然后将这些差异应用到新类别的少量样本中生成新样本。最后,使用扩展后的数据集对分类器进行训练。语义特征增强算法 SFA 使用基于编码器-解码器的 TriNet 模型将样本映射到语义空间,在语义空间中学习样本的概念,通过添加噪声和寻找最近邻的方法对语义空间中的样本进行扩展,然后将其映射回原始图像,从而获得更多的扩展样本。目前基于特征增强的方法只处理每张图像中只有一个类别标签的情况,而多标签的情况从未被提及。针对这一问题,用于多标签小样本图像分类任务的标签集操作网络(Label-Set Operations Network,LaSO)利用标签集之间的关系提取潜在的语义信息,形成特征级的数据增强。

## 7.1.4　基于多模态方法

模态是指人们接收信息的方式,包括听觉、视觉、嗅觉、触觉等多种方式。多模态学习是指利用多模态之间的互补性来消除模态之间的冗余,从而学习到更好的特征表示。现有的少量图像分类问题往往集中在图像的单一模式上。然而,在很多问题场景中,我们只使用了少量的单模信息,而忽略了大量其他模式的易获取信息。目标的多模态信息可以提供更多的先验知识,弥补图像数据中监督信息的不足。基于多模态的小样本图像分类,主要是利用图像信息与文本、语音等模态信息相结合,获得更多的先验知识,从而更好地完成图像分类任务。随着深度学习的发展,越来越多的学者开始关注基于多模态的小样本图像分类的研究。根据多模态学习方式的不同,多模态学习分为基于知识转移和基于度量的两种多模态小样本学习方法。

1. 基于知识转移的方法

小样本学习任务通常只包含几十个类别,而大规模的小样本学习任务包含数千个类别的图像,每个类别的样本图像很少,这也给算法带来了很多困难。类层次结构模型通过预测某个样本类的隶属关系解决这一问题,其利用源集和目标集类之间的语义关系作为一种先验知识,帮助网络学习到更多可转移的特征信息。这种树状的类层次结构明确地表达了语义关系。该模型采用 CNN 提取图像的视觉特征,然后将其输入到类层网络中,分两个阶段进行类预测。首先直接在全连接层中输入每一层的类,然后融合不同层的信息进行分类预测。训练完成后,在测试阶段使用最近邻算法对特征向量进行分类。根据视觉特征空间和语义特征空间的定义,它们具有不同的结构。对于某些概念,视觉特征可能比文本特征更丰富,更具辨别性。然而,当视觉信息在图像分类中受到限制时,语义表示可以提供强大的先验知识和上下文来促进学习。为了充分挖掘先验知识,转移网络(Transfer Network,KTN)将视觉特征学习、知识推理和分类器学习结合到一个统一的小样本图像识别框架中。其中,知识传递模块采用图卷积神经网络。每个节点表示一个类标签对应的词向量,节点之间的边表示两个类之间的相关性。最后,通过分类器权值融合将图像特征和语义特征结合起来,并将语义特征作为先验知识添加到小样本分类器中。

2. 基于度量的方法

人类儿童使用语义信息的组合来学习新事物。结合多个语义信息的小样本学习算法基于原型网络的思想,首先利用 CNN 提取视觉空间原型,然后针对语义标签、图像描述、对象属性等多种语义信息,采用相应的嵌入网络进行特征提取,将特征信息转化为相应的语义原型,最后将语义原型和视觉原型按一定权重进行融合,得到融合原型。测量融合原型与查询集图像的视觉特征之间的相似度,预测类标签。在样本较少的情况下,有时图像特征信息具有较高的判别性,有时语义信息具有较显著的判别性。为了提高分类精度,基于原型网络的自适应模态混合机制在特征提取阶段引入语义特征信息,配合原始视觉原型,并利用自适应混合网络调整语义特征与图像特征的融合比例。因此,它可以自适应地、有选择地结合两种模式的信息进行小样本学习,通过神经网络学习变换映射和自适应系数。该方法利用混合特征信息,大大提高了原算法的分类效果。

## 7.1.5　不同范式研究

利用遥感影像进行精确的树种分类是对地观测任务的重要组成部分之一。随着遥感技术的快速发展,在同一观测场景中存在多模态遥感图像(例如,高光谱影像(HSI)具有数百个光谱带,多光谱影像(MSI)包含精确的空间信息)。因此,利用多模态遥感数据中包含的丰富信息进行树种协同分类是一种很有前景的模式。深度学习(Deep learning, DL)已经彻底改变了遥感数据分析的模式,特别是在 HSI 分类领域。近年来,几种具有代表性的深度学习模型被应用于 HSI 监督分类任务中。卷积神经网络(CNN)包含多个卷积层,可以分别提取光谱特征、空间特征和光谱-空间特征,用于高光谱数据分类。递归神经网络(RNN)作为一种序列模型,将每个像素的光谱信息作为序列特征进行分类。胶囊网络(Capsule networks, CapsNets)将视觉实体的属性编码为向量输出,可以提取用于 HSI 光谱空间分类的高级判别特征。嵌入拓扑结构的图卷积网络(GCNs)表征遥感数据的底层结构,用于图像分类。最近,为了探索像素之间的远程关系,视觉变压器(Vision transformer, ViTs)被提出来进一步提高分类性能。除了上述基于模型的方法外,还研究了一些用于遥感图像分类的机器学习策略,如迁移学习、注意机制和稀疏表示。这些有监督的深度学习模型是数据驱动的模型,其分类精度在很大程度上依赖于足够的训练样本。然而,有标注的样本数量有限,解决标注样本的稀缺性和不平衡性是遥感影像树种分类的主要问题之一。

学者们已经提出了许多半监督方法来利用标注样本和非标样本进行分类。基于图的学习是一种典型的遥感图像半监督学习模式。从多模态遥感图像中学习联合图结构,然后,对半监督分类进行基于图的标签传播。构建非局部图结构由标注和无标注的样本,然后利用图卷积层提取深度图特征进行分类。生成对抗网络作为一种新型的半监督分类方案(GAN)也被用于遥感影像分类,利用生成器生成的伪样本和标注样本进行分类。由于遥感数据的高维性和复杂性,在生成真实样本时存在很大的困难。解决小样本分类问题的另一个重要研究方向是元学习范式。特征提取网络在预先收集的标记样本上进行训练,学习这样一个度量空间,在这个度量空间中,同一类别的样本被聚类,而不同类别的样本被分离,然后将训练好的网络转移到其他数据集中进行特征提取。这种小样本学习范式的分类精度有限,并且训练过程还需要预先收集大量的标注样本。

虽然遥感领域有很多分类方法,但目前的分类范式并不能有效解决最突出的问题,即未标注的多模态样本数量众多,而标注样本数量有限。自监督学习(Self – supervised learning, SSL)是一种特殊类型的表征学习,它通过设计代理任务从未标记的数据中学习有意义的特征表示。对比学习的目的是对样本中得到的视图进行对比来学习生成一个潜在空间,相似的样本对聚集在一起,而不相似的样本对被分开,从而学习不变特征和判别特征。近年来,对比学习在计算机视觉领域取得了很大的突破,其微调精度已经赶上甚至超过了监督分类范式。然而,在相同的观测场景中存在多模态遥感图像,目前针对自然图像提出的对比学习模型无法利用多模态数据中包含的互补信息进行特征学习。已经研究了一些多模态融合模型用于树种分类,最直接的模式是将多模态特征叠加,然后输入到分类器中进行分类。编码器–解码器架构用于集成多模态遥感数据中包含的高级知识信息。多分支网络结构也用于提取子网络中的多模态特征进行联合分类。多模态遥感图像协同分类也采用了注意机制和后处理方法。这些多模态融合模型适用于不能直接用于 SSL 方案的监督分类范式。

在本章中,我们研究了多模态遥感图像的多任务对比学习架构,该架构不仅从多模态遥感数据中构建多个视图,而且通过多任务对比学习鲁棒性强的特征表示。本文提出的多模态 SSL 方法充分利用了丰富的信息进行特征学习,更适合多模态遥感图像分类,实验结果证实了本文提出的 SSL 架构的优越性。

近年来,出现了一些针对遥感数据处理和分析的自监督算法。HSI 典型的对比学习方法是从两组光谱波段构建两个增强视图进行对比学习,并将学习到的特征用于树种分类。然而,这些方法仅利用空间信息进行特征学习,同时使用空间和光谱特征的 SSL 方法也被研究用于 HSI 分类。Swin 变压器也被用作基本特征提取器来利用 HSI 的多尺度语义表示。事实上,在相同的观测场景中存在多模态遥感图像,这些图像为下游任务提供了丰富且互补的信息。为了利用多模态遥感数据中包含的互补信息,利用高光谱和激光雷达数据构建两个观测视图进行对比学习。然而,目前的 SSL 算法一般是从遥感数据构建两个观测视图进行对比学习,这在充分利用多模态遥感数据进行自监督特征学习方面存在局限性。为了解决上述问题,我们研究了多任务对比学习架构,以从多模态遥感图像中学习更具判别性的特征表示,提出了基于对比学习的小样本多模态模型,用于以下树种分类任务。

## 7.2　小样本多模态对比网络

在本节中,我们详细介绍了提出的多模态遥感图像和小样本树种分类方法(few-shot contrast learning network, FCLN)。该方法主要包括两个阶段,即自监督特征学习和小样本分类。在特征学习过程中,从多模态遥感数据构建多个互补视图,对每个视图分别进行增强进行对比学习,并采用多任务学习策略从多个视图中学习鲁棒性更强的特征表示。经过自监督特征学习阶段后,同一类的样本在潜在空间聚集成聚类,不同类别的样本被分离,然后利用支持向量机(SVM)进行小样本分类。

## 7.2.1 多模态学习

对比学习是一种流行且有效的自监督特征学习方法。对比学习通过比较来自同一视图的增强样本来提取有意义的特征,并且训练过程不需要任何标记信息。对比损失函数的目的是使相似对保持接近,而在特征空间中分离不相似对。

在多模态遥感图像中,存在来自不同光谱波段或不同模态的多个视图,这些视图包含丰富的互补信息,因此,我们提出了多模态对比学习架构,如图7-6所示。所提出的自监督特征学习模型的训练过程包括四个步骤:从多模态图像中构建相同场景的多个视图,对每个视图进行增强以获得一对样本,将每对增强样本输入特征表示网络 $f(\cdot)$ 和 $g(\cdot)$ 中生成抽象特征 $h$ 和输出特征 $z$,并使用输出特征 $z$ 计算对比损失。

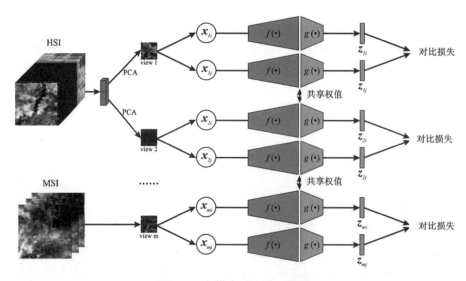

图7-6 多模态对比学习模型

对于高光谱数据,由于不同的光谱带反映了树种的特定反射特性,因此每个光谱带都可以看作是一个视图。然而,相邻谱带之间存在较大的信息冗余,且视图众多,也使训练过程变得复杂。为了保持不同视图之间的互补性,我们将HSI的所有光谱波段分成几组,并在每组中采用主成分分析(PCA)操作提取主特征。前三个主要组件被视为一个独立的视图,尽量保留信息的同时将计算量控制在合理范围内。对于MSI,我们直接将其作为独立视图使用。

我们对从多模态遥感数据中获得的所有视图进行归一化,以保持不同视图之间的平衡。设 $x_n \in R^{H \times W \times 3}$ 表示由多模态图像构建的第 $n$ 个视图样本,其中 $H$ 和 $W$ 分别表示高度和宽度。对每个样本分别应用从同一增强簇中抽取的两个独立的数据增强算子,得到一对相关样本 $x_n^i$ 和 $x_n^j$。输入 $x_n^i$ 和 $x_n^j$ 通过非线性函数 $f(\cdot)$ 映射到潜在向量 $h_n^i$ 和 $h_n^j$。潜在嵌入使高维特征向量代表每个样本的高级语义信息。然后,利用多层感知器 $g(\cdot)$ 将潜在抽象特征 $h_n^i$ 和 $h_n^j$ 转化为 $z_n^i$ 和 $z_n^j$ 进行特征压缩,然后用 $z_n^i$ 和 $z_n^j$ 计算对比损失。

在第 $N$ 个视图的训练过程中,从总样本中随机抽取 $N$ 个样本的批量,因此,产生 $2N$ 个增广样本。对 $2N$ 对增广样本计算对比损失,如果两个增广样本从同一样本增广,定义为正对。否则,被定义为负对。一对正增广样本的损失函数定义为:

$$l_{i,j}^n = -\log \frac{\exp\left(\frac{\mathrm{sim}(z_n^i, z_n^j)}{\tau}\right)}{\sum_{k=1}^{2N} l_{k \neq i} \exp\left(\frac{\mathrm{sim}(z_n^i, z_n^j)}{\tau}\right)} \tag{7-1}$$

其中,$l_{k \neq i} \in \{0,1\}$ 是当 $k=i$ 时取值为 1 的指标函数,$\tau$ 表示温度参数。$(z_n^i, z_n^j)$ 是输出向量 $z_n^i$ 和 $z_n^j$ 之间的余弦相似度。从多模态遥感图像中构建了 $m$ 个视图,每个视图用于对比学习。为了利用多个视图来学习更健壮的表示,我们使 $f(\cdot)$ 和 $g(\cdot)$ 在不同视图之间共享相同的权重。因此,$m$ 个视图的批量的总对比损失定义如下:

$$l = \sum_{n=1}^{m} l^n \tag{7-2}$$

式中,$m$ 表示多模态遥感图像构建的视图数,$n$ 表示第 $n$ 个视图的对比损失。由于对比损失是执行增广样本判别的,使特征表示同时学习到不变特征和判别特征,多视图学习策略进一步使基本特征表示到鲁棒性更强的语义表示。通过这种自监督的特征学习方法,使得模型学习到的同一类别的特征在潜在空间中的聚类更强,而异类特征则相互分离。

## 7.2.2　模型结构

数据增强操作随机生成同一样本的两个相关视图,这在对比学习中起着至关重要的作用。特征表示网络通过判断增强样本是否来自同一视图来学习有意义的信息。在提出的 SSL 架构中,针对遥感数据使用了两种数据增强(即随机高斯模糊和随机颜色失真)来进行数据增强。

函数 $f(\cdot)$ 从图像中提取高级特征向量,可以采用各种典型的深度网络架构,如 ResNet、DenseNet、VGG 和 Xception。残差网络由于其易于训练和强大的特征提取能力,已成为计算机视觉领域提取高级特征的常用模型。原始残差网络用于图像分类,其中最终的全连通层将高维向量转换为类别。因此,我们去除最终的完全连接层,并使用残差网络的变体作为非线性特征提取函数 $f(\cdot)$。考虑到计算量和特征提取能力,我们采用 ResNet-50 作为基础特征提取网络。所采用的特征提取网络的主要参数如表 7-1 所示。

表 7-1　模型参数表

| | 第一步 | 第二步 | 第三步 | 第四步 | 第五步 |
|---|---|---|---|---|---|
| 参数 | 5×5,64 | 1×1,64<br>5×5,64<br>1×1,256 | 1×1,128<br>5×5,128<br>1×1,512 | 1×1,256<br>5×5,256<br>1×1,1 024 | 1×1,512<br>5×5,512<br>1×1,2 048 |

在基本特征提取器的特征嵌入之后,具有两个完全连接层的多层感知器 $g(\cdot)$ 用来修剪特征。该操作将原始特征维数(即 2048)降低到合适的值(例如 64、128 和 256),这样可以在选择代表性特征进行分类时减少计算量。在提出的对比学习架构中,我们将输出特征的维度设置为 128。

## 7.2.3　小样本分类

经过自监督特征学习后,学习到的特征表示更有利于后续的分类任务,其小样本分类架构如图 7-7 所示。在分类阶段,训练好的特征提取网络作为无监督特征提取器。多模态遥感数据集的所有样本都经过该特征提取器输出相应的特征向量。其中,所有视图都直接输入到特征提取器中,它们不再执行数据增强操作。由于不同的视图包含互补信息,因此将提取的所有视图的特征向量连接起来作为最终的特征表示。将光谱特征与学习到的特征串联起来,进一步提高特征提取的判别能力。在学习到的特征空间中,样本的特征表示具有更强的判别性。最后,支持向量机对学习到的特征表示使用少量标记样本进行分类。

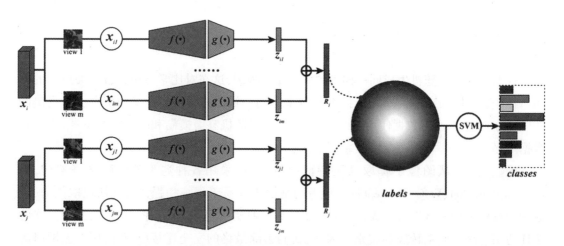

图 7-7　基于多模态遥感影像的小样本对比学习树种分类示意图

多模态遥感数据中的所有样本都经过训练好的特征提取器,并将多个视图对应的多个特征向量连接起来,得到最终的特征表示。同一类别的样本聚类在学习潜空间中,不同类别的样本分离。利用少量标注的样本,应用支持向量机对样本进行分类。

# 7.3 实验结果与分析

在本节中,我们得到了本研究的特征提取和树种分类结果,并对主要参数进行了分析。在3组树种数据集上进行了实验。实验设施配置同其他章节。

## 7.3.1 实验设置

我们定量和定性地评价了特征学习能力和分类性能。采用主要评价系数[即总体准确率(overall accuracy, OA)、平均准确率(average accuracy, AA)和 kappa 系数(kappa coefficient, k)]和个体分类准确率对分类结果进行定量评价。利用特征可视化和分类图从视觉角度评价特征表示和分类性能。在自监督特征学习的训练过程中,训练周期的个数设置为100,batch 的大小设置为64。在监督分类过程中,通过交叉验证策略选择正则化参数 $C$ 和核参数 $\gamma$ 在 $\{2-2,2-1,\cdots, 27\}$。

## 7.3.2 对比实验

在对比实验中,我们采用几种最先进的分类方法进行比较,以评估提出模型的分类性能,这些比较方法包括使用的监督和半监督分类方法传统模型和深度学习模型,以及最近的无监督特征学习方法。

空谱残差网络(spectral-spatial residual network, SSRN)将残差学习与三维 CNN 相结合,构建端到端的监督模型,通过相应的卷积核提取频谱和空间特征。

三维生成模型(3DGAN)是一种基于 GAN 的半监督分类方法。生成器尝试生成假样本,假样本与标记样本结合作为鉴别器网络的输入。

深度小样本学习(deep few-shot learning, DFSL)是一种基于迁移学习的方法,它在大量预先收集的带注释的样本上训练深度特征提取网络。然后将训练好的特征提取器转移到其他数据集进行特征提取;然后,SVM 分类器利用提取的特征进行土地覆盖分类。

深度多视图学习(DMVL)是一种自监督的特征学习模型,其中从 HSI 构建两个视图,并分别增强这些视图进行对比学习。采用 ResNet-50 作为基础特征提取器,其他参数设置与论文相同。

为了提高实验结果的可靠性,我们对每个分类实验进行 10 次试验,并在每条试验中随机选择训练样本。从实验结果中,我们可以得出以下结论。

首先,半监督分类方法比对比监督分类方法具有更高的分类准确率。由于半监督分类模型同时使用标记和未标记的样本进行训练,在有限的标记样本下可以学习到更多的判别特征。在两组分类实验中,半监督方法(如 TSVM 和 3DGAN)的分类准确率普遍高于监督方法(如 SSRN)。

其次,小样本学习模型比监督深度学习方法具有更好的分类性能。由于我们使用很少的带注释样本(即每个类 5 个样本)进行训练,因此有监督深度学习模型(例如 SSRN)会遇到过拟合问题,严重影响分类性能。

最后,自监督特征学习方法比使用原始特征的方法具有更好的分类性能。这一现象的背后是特征学习方法可以从原始数据中学习到有意义的特征。例如,DFSL 和 DMVL 方法通常比 3DGAN 具有更高的分类精度。此外,提出的自监督特征学习方法是一种有效的无监督特征提取模式。在相同数量标记样本的情况下,该方法在 OA、AA、kappa 系数(Kappa)和个体分类精度方面均达到最佳分类精度。原因是我们利用高光谱数据构建的多个视图进行对比学习,从而为接下来的分类任务学习更多有意义的特征。最后,对比几种树种数据集的分类精度,我们可以发现不同方法得到的第三个数据集的分类精度较低(表 7-2 至表 7-4)。原因是这个数据集的树种分布结构稍微复杂。然而,通过使用由高光谱数据构建的多个视图进行对比学习,该数据集的分类精度得到了显著提高。FCLN 的平均 OA 达到79.90%,比 DMVL 模型(74.28%)高 5.62%。因此,使用多视图进行对比学习对于自监督特征学习非常重要,特别是对于结构更复杂的数据集。

表 7-2　数据集(1)树种分类精度表

|  | SSRN | 3DGAN | DFSL | DMVL | FCLN |
|---|---|---|---|---|---|
| 白桦 | 76.38 | 77.19 | 79.2 | 79.75 | 79.19 |
| 落叶松 | 75.23 | 77.67 | 74.3 | 81.9 | 79.19 |
| 樟子松 | 75.78 | 71.74 | 78.67 | 74.31 | 79.66 |
| 山杨 | 76.84 | 75.77 | 72.65 | 79.81 | 77.32 |
| 柳木 | 67.45 | 75.86 | 74.86 | 79.94 | 85.15 |
| 云杉 | 76.78 | 79.92 | 77.38 | 74.63 | 79.73 |
| OA(%) | 71.41 | 76.25 | 76.76 | 78.83 | 80.60 |
| AA(%) | 70.51 | 74.49 | 76.82 | 75.75 | 79.87 |
| Kappa(%) | 70.42 | 66.81 | 75.3 | 76.31 | 79.17 |

表 7-3　数据集(2)树种分类精度表

|  | SSRN | 3DGAN | DFSL | DMVL | FCLN |
|---|---|---|---|---|---|
| 白桦 | 63.61 | 67.21 | 69.15 | 70.48 | 74.17 |
| 落叶松 | 72.34 | 72.80 | 74.13 | 75.08 | 81.72 |
| 樟子松 | 69.69 | 65.31 | 69.23 | 72.00 | 74.82 |
| 山杨 | 49.80 | 64.18 | 68.23 | 70.98 | 74.27 |
| 柳木 | 64.12 | 65.29 | 54.13 | 64.18 | 72.36 |
| 云杉 | 62.98 | 63.98 | 52.37 | 63.77 | 72.77 |

表7-3(续)

|  | SSRN | 3DGAN | DFSL | DMVL | FCLN |
|---|---|---|---|---|---|
| OA(%) | 66.09 | 67.85 | 72.69 | 73.08 | 78.28 |
| AA(%) | 62.19 | 65.23 | 67.29 | 70.19 | 76.68 |
| Kappa(%) | 61.58 | 62.63 | 62.84 | 68.13 | 74.38 |

表7-4 数据集(3)树种分类精度表

|  | SSRN | 3DGAN | DFSL | DMVL | FCLN |
|---|---|---|---|---|---|
| 白桦 | 36.23 | 61.52 | 65.28 | 70.40 | 72.20 |
| 落叶松 | 47.98 | 69.23 | 73.21 | 74.13 | 80.11 |
| 樟子松 | 18.23 | 63.29 | 62.81 | 64.23 | 77.38 |
| 山杨 | 24.09 | 65.14 | 66.94 | 70.45 | 71.04 |
| 柳木 | 23.16 | 49.71 | 50.32 | 62.46 | 70.92 |
| 云杉 | 33.25 | 53.24 | 50.32 | 61.18 | 70.15 |
| OA(%) | 45.80 | 68.36 | 70.68 | 72.24 | 77.01 |
| AA(%) | 30.15 | 53.24 | 64.74 | 71.03 | 75.43 |
| Kappa(%) | 33.28 | 51.84 | 55.09 | 66.46 | 72.87 |

除了使用主评价系数对分类结果进行评价外,我们还使用分类图对分类进行评价从视觉角度进行表演。不同分类方法在两个基准数据集上得到的分类图如图7-8所示。在这些图中,每种灰度图对应一个特定的树种类别,为了更好地进行比较,还显示了地面真值图。将分类图与地面调查数据进行比较,我们发现通过半监督分类模型和无监督特征提取方法获得的分类图具有更少的噪声像素。FCLN方法得到的分类图均匀性好,具有最小的噪声像素。这是因为所建议的SSL体系结构使用多个视图来提取关键特性。因此,我们提出的分类模型利用提取的特征,在很少的标记样本下获得更好的分类性能。

## 7.3.3 参数分析

前一章对温度值参数进行过实验和分析,因此本章对一些其他参数进行了实验,例如学习率、视图数和标签比例进行了分析。

学习率控制着自监督特征学习过程中梯度下降的步长,是影响特征学习和分类性能的重要参数。在我们的实验中,我们将学习率的候选集设置为{0.000 1,0.000 2,0.000 5,0.001,0.002,0.005,0.01,0.02},并测试该参数对树种分类精度的影响。

在几个数据集上使用不同学习率的总体精度如图7-9所示。从图中可以看出,不同学习率下的分类准确率差异很大。学习率越小,分类性能越稳定,分类准确率也越高。根据5个基准数据集的分类结果,设置合理学习率分别为0.000 1、0.000 2、0.000 1、0.000 1、0.

000 2。

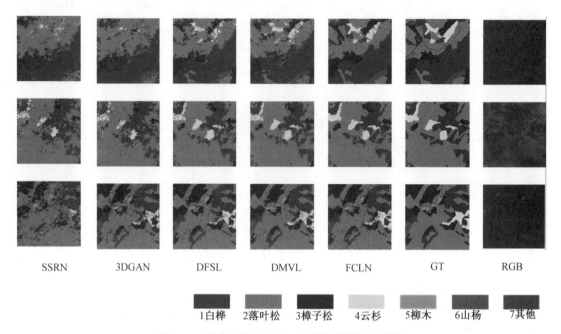

| | | | | | | |
|---|---|---|---|---|---|---|
| SSRN | 3DGAN | DFSL | DMVL | FCLN | GT | RGB |

1白桦　2落叶松　3樟子松　4云杉　5柳木　6山杨　7其他

图 7-8　五种对比方法的三个树种数据集分类图

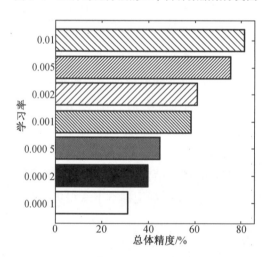

图 7-9　学习率与总体精度关系图

由于我们在多模态遥感数据中采用了多个视图进行对比学习,因此视图的数量会影响特征学习能力和计算量。将提取的视图的候选集设置为 $\{1,2,3,4,5\}$ ,我们测试了该参数对使用不同骨干网络的五个基准数据集的分类精度的影响。在 3 个基准数据集上不同视角下的总体分类精度如图 7-10 所示。可以观察到,更多的视图对应更高的分类精度,因为更多的视图具有更多的互补信息。根据分类结果,3 个基准数据集的合理视图为 2。这些实验结果也证实了更多的建构观点有利于对比学习。

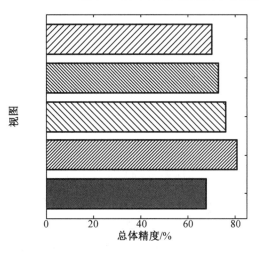

**图 7-10　不同视图大小与总体精度关系图**

由于所研究的 SSL 模型为以下分类任务提取了关键特征,因此我们还分析了不同数量的注释样本的分类性能。3 个数据集上不同标记样本数量的总体准确率数据集如图 7-11 所示。从图中我们可以看到,即使在标记样本很少的情况下,即每个类有 10、15、20、25 个和 30 个标记样本,该模型也可以达到很高的分类精度,这表明这种自监督特征学习架构可以有效地为分类任务提取判别特征。

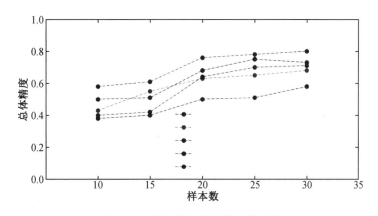

**图 7-11　样本数与总体精度关系图**

在将深度学习模型用于多模态遥感影像土地覆盖分类时,传统模型在使用很少的标记样本(例如每个类只有 10 个标记样本)提取判别特征时存在很大困难。为了解决这个问题,我们设计了自监督特征学习方法,该方法从大量未标记的样本中学习有意义的特征。利用提取的特征,与几种最先进的分类模型相比,小样本分类模型获得了更好的分类性能。主要原因可以概括如下:

首先,利用多种观点进行对比学习是必要的。在多模态遥感数据中,同一观测场景有多个视图,这些视图为后续任务提供了丰富的信息。自监督特征学习架构利用每个视图进行对比学习,多任务学习策略也有助于特征学习,这有助于学习鲁棒特征表示。

其次,在少量树种分类中,选择标记样本是很重要的。在小样本分类过程中,我们发现在选择不同的标注样本时,分类精度差异很大,这也导致了分类精度的较大差异。由于每个样本包含不同的特征,并且标记的样本很少,因此选择的样本对分类性能的影响很大。

# 7.4 本章小结

本章研究了一种新的多模态遥感影像的 FCLN 小样本树种分类架构,该架构具有两个主要优点。在遥感影像数据树种分类中,存在多个观测视图,这些视图具有丰富的互补信息。基于这一事实,我们从多模态数据中构建多个视图,每个视图通过对比学习来学习判别信息。然后,为了充分利用不同视图中包含的互补信息,我们进一步提出了多任务学习策略,以学习鲁棒性更强的特征表示。因此,所提出的 SSL 体系结构可以为树种分类提取鲁棒性更强的特征。我们对三组遥感数据集进行特征提取和小样本分类,对比实验验证了所提方法的有效性和优越性。

# 结　　论

本书以 HJ-1A 高光谱遥感影像和 Sentinel-2 多光谱遥感影像的识别和分类为研究对象,充分利用和挖掘深度学习算法的优势,分别以全监督、半监督以及自监督的方式解决深度学习算法在树种分类中的问题。通过对塔河林区遥感数据采集与分析,基于循环卷积神经网络的双分支结构模型,基于改进激活函数的轻量卷积神经网络模型,基于超图结点特征融合及超边特征融合的深度学习网络,基于自编码和变分编码特征学习与典型对比学习的自监督模型,分别对多源森林遥感影像进行树种分类研究。本书的主要研究成果如下:

(1)针对深度学习在多源遥感影像树种分类任务中,丢失深度特征和树种识别率低的问题,提出了基于卷积神经网络和长短时记忆神经网络的多源特征融合双分支树种分类模型。光谱分支通过双向长短时间记忆算法挖掘不同的光谱序列信息之间的依赖性,提取的光谱特征又经过三重注意力机制的增强减少冗余。空间分支通过双层沙漏模块更高效和更精准地提取代表性强的空间特征。在模型反向传播中,对空间、光谱和融合三个方面进行端到端的损失计算,有效避免梯度消失,总体分类精度达到 0.91,基本实现了树种精确分类的目标。

(2)针对深度学习模型中的一些非线性激活函数存在梯度消失,负值直接返回零的问题,树种分类模型训练时丢失的有效信息,特别是在复杂的网络中,当用到这些非线性激活函数时,分类结果并不理想。为了提高树种分类效果,本书提出了激活函数 Smish,能够保持负输入的部分稀疏性和正则化效应。Smish 在多个开放数据集中的分类性能优于其他激活函数。传统卷积神经网络树种分类耗时占用资源较大。本书将 Smish 激活函数应用于 EfficientNet 轻量神经网络中,对多源遥感数据进行特征提取与融合分类,在时间减少约 50分钟,总体精度也接近于 0.90,且对较难识别的云杉、柳木等树种分类效果较好。

(3)针对林地样本标记困难的问题,借鉴于超图卷积神经网络的半监督学习的强大优势,提出了基于多源超图卷积神经网络的半监督树种分类模型。其避免了传统图结构邻接矩阵的海量运算,更无须建立先验知识,可以直接通过学习更新参数。该模型首先对两种原始数据源进行特征关联生成两组向量。然后分别构建超图结构,在超边训练过程中进行融合,对优势特征进行优先提取,摒弃无效特征。最后将属性特征和结点特征转换到像素级别,实现像素与特征的多层级融合。在三个塔河树种数据集下的半监督实验表明,其分类效果优于其他半监督模型,总体精度达到 0.83。对山杨、柳木、云杉三种少量样本的分类精度都高于 0.70。

(4)针对林地树种标签获取困难的问题,提出了多源自监督学习树种分类模型。其无须标注,通过数据自身寻找特征差异而进行树种分类。将对比学习方法(典型对比学习)和经典的表示学习方法(自编码)进行融合。该模型首先使用生成自编码和变分自编码分别对两种数据源提取特征(代理任务),作为增强数据输入网络。其次,采用典型对比学习方法训练对比学习网络。最后,利用对比学习网络提取的特征进行融合分类。在三个塔河树种数据集下的自监督实验表明,总体分类精度接近0.80,明显优于其他自监督分类模型,说明了该模型具有良好的特征学习能力。

(5)本书提出的5种模型分别解决了树种分类中的问题,每个模型各有利弊。第3章提出的基于全监督循环卷积模型对树种分类精度最高,对少量样本的云杉等树种分类效果较好,但是其训练时间稍长,而且需要大量树种标注,适合树种高精度分类任务。而第4章提出的ESDNet模型精度虽低,但减少了训练时长,适合树种高效率分类任务。第5章提出的M-GNN模型属于半监督学习,是全监督和自监督学习的折中选择,其分类结果也得到了折中的效果,精度和效率都是在两种学习结果之间。第6和第7章分别从特征融合和小样本角度提出的自监督学习模型,其分类精度最差,但是却有无任何标注的强大优势,属于未来的发展方向。

本书的创新点如下:

(1)提出了基于双向循环卷积神经网络与三种注意力机制结合的高光谱特征提取分支结构。高光谱数据在学习过程中对有效信息进行增强,弱化噪声等无效特征,使光谱特征提取更加高效。空间分支结构在特征提取过程中,本书将两层沙漏模块进行归一化处理,使空间信息特征提取更加精准。通过混合损失函数计算端到端的损失,使整个网络逆向传播更加准确。

(2)提出了Smish非线性激活函数,其近似线性变换特性不但保证学习稳定,还便于反向梯度传播,其非单调性保证了负训练的稳定性,提高了表达性能,又提高了网络学习和梯度变换的能力。使用了Smish激活函数的轻量模型EfficientNet对于多源遥感数据特征提取能力增强。另外,还对两种数据源特征通过交叉注意力模块进行融合计算,增强异类树种间的差异便于学习,提高了树种分类效率。

(3)因图卷积神经网络强大的半监督学习优势,通过构建多源超图结构来研究高光谱森林遥感影像的光谱特征和多光谱森林遥感影像的空间特征,加强森林树种的光谱和空间特征表示能力。在分别构建两者的超图结构之前,先对其对应的原始数据进行关联处理,使两种数据源投影到同一维度,然后在超边训练过程中,对其进行融合,不但减少了矩阵计算,又充分融合了图的结点特征和属性特征,最后将特征还原到像素级融合计算,充分运用像素融合和特征融合,改善了半监督树种分类中产生的过拟合和性能退化的问题。

本书以HJ-1A和Sentinel-2数据为数据源,通过深度学习的全监督模式下提高了树种分类精度和效率、半监督和无监督模式减少了或避免了人工标注,几种方式对多源森林遥感影像的树种分类进行探索和研究。在收获了一定的研究成果的过程中,也发现了一些需要完善的问题。

(1)本书采用的数据源为高光谱和多光谱遥感影像,两种数据源的光谱和空间分辨率各不相同,在特征融合过程中,对高光谱数据采用上采样的方式,在精度上很难保证其在亚像素级,对后续的实验结果可能会有所影响,未来的研究工作可以尝试不同空间分辨率的亚像素级融合,以提高树种分类精度。

（2）本数据源采用的遥感影像，难免受到其他因素影响产生噪声，且其分辨率稍低，由于研究面积过于宽广，只能采用优势树种为标签的方式，因此在 10 m 分辨率下，会对结果有所影响，未来工作可以尝试无人机遥感对单株图像进行分类。

（3）自监督方法学习过程中，其核心采用的是 MOCO 模型，虽然本书采用不同粒度作为负样本减少了一部分负标签计算，但是该种方式计算量稍大，下一步可以尝试其他方式，比如数据蒸馏 DINO 或者减少冗余 Barlow twins 方式，降低计算复杂度。

# 参 考 文 献

[ 1 ]  MERCHANT J W. Remote sensing of the environment: an earth resource perspective[ J ]. Cartography and Geographic Information Science, 2000, 27(4): 311-311.

[ 2 ]  SHIMABUKURO Y E, PONZONI F J. Orbital sensors data applied to vegetation studies [ J ]. Revista Brasileira de Cartografia, 2012, 6: 873-886.

[ 3 ]  KHODADADZADEH M, LI J, PRASAD S, et al. Fusion of hyperspectral and LiDAR remote sensing data using multiple feature learning[ J ]. IEEE Journal of Selected Topics in Applied Earth Observations and Remote Sensing, 2015, 8(6): 2971-2983.

[ 4 ]  杨烁. 基于 Landsat 数据的大兴安岭地区主要树种分类及时空变化研究[ D ]. 哈尔滨: 哈尔滨师范大学, 2020.

[ 5 ]  LANDGREBE D. Hyperspectral image data analysis [ J ]. IEEE Signal processing magazine, 2002, 19(1): 17-28.

[ 6 ]  SINGH P, PANDEY P C, PETROPOULOS G P, et al. Hyperspectral remote sensing in precision agriculture: Present status, challenges, and future trends [ J ]. Hyperspectral remote sensing, 2020,12: 121-146.

[ 7 ]  KUMAR J, KUMAR R, FROHNA K, et al. Improved light outcoupling by spontaneously formed nanostructured micro-islands in perovskite films[ J ]. Bulletin of the American Physical Society, 2020, 5:65.

[ 8 ]  MALLET C, BRETAR F. Full-waveform topographic lidar: State-of-the-art[ J ]. ISPRS Journal of photogrammetry and remote sensing, 2009, 64(1): 1-16.

[ 9 ]  KALACSKA M, SANCHEZ-AZOFEIFA G A, RIVARD B, et al. Ecological fingerprinting of ecosystem succession: Estimating secondary tropical dry forest structure and diversity using imaging spectroscopy[ J ]. Remote Sensing of Environment, 2007, 108(1): 82-96.

[ 10 ]  LI J, ZHANG H, ZHANG L, et al. Joint collaborative representation with multitask learning for hyperspectral image classification[ J ]. IEEE Transactions on Geoscience and Remote Sensing, 2014, 52(9): 5923-5936.

[ 11 ]  SÁNCHEZ-AZOFEIFA G A, GUZMÁN-QUESADA J A, VEGA-ARAYA M, et al. Can terrestrial laser scanners (TLSs) and hemispherical photographs predict tropical dry forest succession with liana abundance [ J ]. Biogeosciences, 2017, 14(4): 977-988.

[ 12 ]  ALDANA-JAGUE E, HECKRATH G, MACDONALD A, et al. UAS-based soil carbon mapping using VIS-NIR (480-1000 nm) multi-spectral imaging: Potential and limitations[ J ]. Geoderma, 2016, 275: 55-66.

［13］ 李威.基于机器学习的森林多源遥感数据分析方法研究［D］.哈尔滨:哈尔滨工程大学,2018.

［14］ 唐盛哲,潘海云,廖兴文,等.我国林业遥感技术的发展及应用［J］.农业研究与应用,2022,35(01):49-54.

［15］ 郝悦竹,张加龙.高光谱遥感在林业应用中的主要技术和应用现状［J］.绿色科技,2022,24(03):148-153.

［16］ 张永健,王龙龙,刘靖宇,等.浅谈遥感技术在森林资源调查中的应用［J］.科技风,2021(26):1-2.

［17］ 麻永平,张炜,刘东旭.高光谱侦察技术特点及其对地面军事目标威胁分析［J］.上海航天,2012,29(01):37-40,59.

［18］ VALI A, COMAI S, MATTEUCCI M. Deep learning for land use and land cover classification based on hyperspectral and multispectral earth observation data: A review ［J］. Remote Sensing, 2020, 12(15): 2495.

［19］ 陆小辰.基于高光谱数据的多源遥感图像协同分类研究［D］.哈尔滨:哈尔滨工业大学,2018.

［20］ CONWAY B R. Color vision, cones, and color-coding in the cortex ［J］. The neuroscientist, 2009, 15(3): 274-290.

［21］ PISANI M, ZUCCO M E. Fourier transform based hyperspectral imaging［M］. London: Intech, 2011.

［22］ GREEN R O, EASTWOOD M L, SARTURE C M, et al. Imaging spectroscopy and the airborne visible/infrared imaging spectrometer (AVIRIS) ［J］. Remote sensing of environment, 1998, 65(3): 227-248.

［23］ PEARLMAN J S, BARRY P S, SEGAL C C, et al. Hyperion, a space-based imaging spectrometer［J］. IEEE Transactions on Geoscience and Remote Sensing, 2003, 41(6): 1160-1173.

［24］ VERDE N, MALLINIS G, TSAKIRI-STRATI M, et al. Assessment of radiometric resolution impact on remote sensing data classification accuracy［J］. Remote Sensing, 2018, 10(8): 1267.

［25］ RUJOIU-MARE M R, OLARIU B, MIHAI B A, et al. Land cover classification in Romanian Carpathians and Subcarpathians using multi-date Sentinel-2 remote sensing imagery［J］. European Journal of Remote Sensing, 2017, 50(1): 496-508.

［26］ LÖW F, DUVEILLER G. Defining the spatial resolution requirements for crop identification using optical remote sensing［J］. Remote Sensing, 2014, 6(9): 9034-9063.

［27］ VERDE N, MALLINIS G, TSAKIRI-STRATI M, et al. Assessment of radiometric resolution impact on remote sensing data classification accuracy［J］. Remote Sensing, 2018, 10(8): 1267.

［28］ AWUAH K T, NÖLKE N, FREUDENBERG M, et al. Spatial resolution and landscape structure along an urban-rural gradient: Do they relate to remote sensing classification accuracy? A case study in the megacity of Bengaluru, India[J]. Remote Sensing Applications: Society and Environment, 2018, 12: 89-98.

[29] LIU J, KUANG W, ZHANG Z, et al. Spatiotemporal characteristics, patterns, and causes of land-use changes in China since the late 1980s[J]. Journal of Geographical sciences, 2014, 24: 195-210.

[30] LU D, TIAN H, ZHOU G, et al. Regional mapping of human settlements in southeastern China with multisensor remotely sensed data[J]. Remote Sensing of Environment, 2008, 112(9): 3668-3679.

[31] SETO K C, GÜNERALP B, HUTYRA L R. Global forecasts of urban expansion to 2030 and direct impacts on biodiversity and carbon pools[J]. Proceedings of the National Academy of Sciences, 2012, 109(40): 16083-16088.

[32] LAMBIN E F, MEYFROIDT P. Land use transitions: Socio-ecological feedback versus socio-economic change[J]. Land use policy, 2010, 27(2): 108-118.

[33] LAMBIN E F, MEYFROIDT P. Global land use change, economic globalization, and the looming land scarcity[J]. Proceedings of the National Academy of Sciences, 2011, 108 (9): 3465-3472.

[34] DE GROOT R S, ALKEMADE R, BRAAT L, et al. Challenges in integrating the concept of ecosystem services and values in landscape planning, management and decision making[J]. Ecological complexity, 2010, 7(3): 260-272.

[35] FRIEDL M A, SULLA-MENASHE D, TAN B, et al. MODIS Collection 5 global land cover: Algorithm refinements and characterization of new datasets[J]. Remote sensing of Environment, 2010, 114(1): 168-182.

[36] OLIPHANT A J, THENKABAIL P S, TELUGUNTLA P, et al. Mapping cropland extent of Southeast and Northeast Asia using multi-year time-series Landsat 30-m data using a random forest classifier on the Google Earth Engine Cloud[J]. International Journal of Applied Earth Observation and Geoinformation, 2019, 81: 110-124.

[37] SONG R, MULLER J P, KHARBOUCHE S, et al. Intercomparison of surface albedo retrievals from MISR, MODIS, CGLS using tower and upscaled tower measurements[J]. Remote Sensing, 2019, 11(6): 644.

[38] 张良培, 沈焕锋. 遥感数据融合的进展与前瞻[J]. Journal of Remote Sensing, 2016, 20(5).

[39] 董蕾,李吉跃.植物干旱胁迫下水分代谢、碳饥饿与死亡机理[J].生态学报,2013,33 (18): 5477-5483.

[40] BOVA A, DICKINSON M B. Linking surface-fire behavior, stemheating, and tissue necrosis[J]. Canadian Journal of Forest Research,2005,35(4): 814-822.

[41] 陈存及,杨长职,吴德友.生物防火研究[M].哈尔滨:东北林业大学出版社,1995.

［42］　胡海清.林火与环境［M］.哈尔滨：东北林业大学出版社,1999.

［43］　郭庆华,刘瑾,陶胜利,等.激光雷达在森林生态系统监测模拟中的应用现状与展望［J］.科学通报,2014(59):459-478.

［44］　李琰.基于猫群算法的高光谱遥感森林类型识别研究［D］.哈尔滨：东北林业大学,2015.

［45］　谭炳香.高光谱遥感森林类型识别及其郁闭度定量估测研究［D］.北京:中国林业科学研究院,2006.

［46］　李华玉,陈永富,陈巧,等.基于遥感技术的森林树种识别研究进展［J］.西北林学院学报,2021,36(06):220-229.

［47］　王璐,范文义.基于高光谱遥感数据的森林优势树种组识别［J］.东北林业大学学报,2015,43(05):134-137.

［48］　孙玉琳,潘洁.基于 Landsat 8 影像的南京市紫金山风景林区树种分类研究［J］.国土与自然资源研究,2022(03):64-68.

［49］　陈媛媛,雷鸣,王泽远,等.基于 Sentinel 卫星影像的土地利用类型提取:以丽水市莲都区为例［J］.森林工程,2022,38(02):54-61.

［50］　张继伟,罗哲轩,蔡澍雨.基于激光雷达点云数据的树种识别系统设计［J］.电子设计工程,2021,29(14):168-171,179.

［51］　林文科,陆亚刚,蒋先蝶,等.协同多源遥感数据的北亚热带森林蓄积量贝叶斯分层估测［J］.遥感学报,2022,26(03):468-479.

［52］　刘兑.基于多模态图卷积网络的短视频推荐算法［D］.深圳:深圳大学,2020.

［53］　阴翔芸.基于稀疏表示的高光谱与多光谱图像融合研究［D］.北京:华北电力大学,2021.